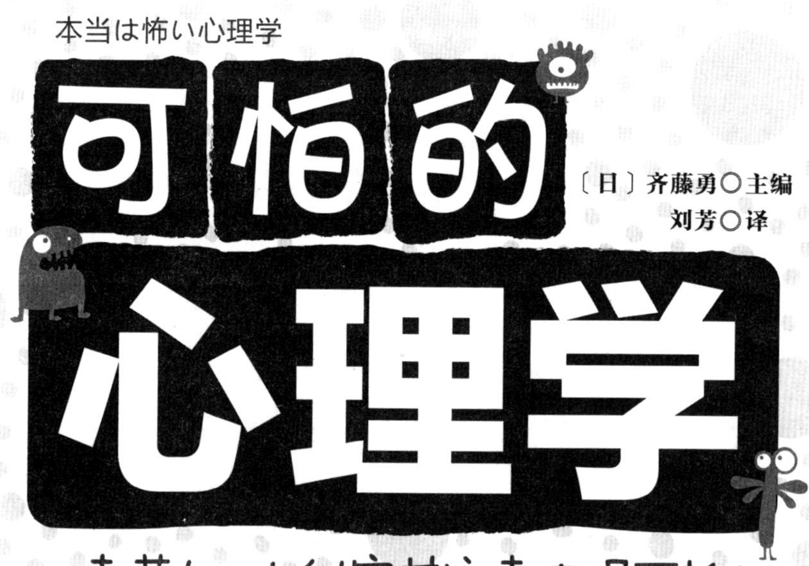

〔日〕齐藤勇◎主编
刘芳◎译

读懂人心的秘密其实真的很可怕!

北京联合出版公司

北京市版权局著作权合同登记号 图字：01-2011-5254

图书在版编目（CIP）数据

可怕的心理学/〔日〕齐藤勇主编；刘芳译. —北京：北京联合出版公司，2011.8

ISBN 978-7-5502-0277-1

Ⅰ.①可… Ⅱ.①齐… ②刘… Ⅲ.①心理学—通俗读物 Ⅳ.①B84-49

中国版本图书馆CIP数据核字（2011）第142800号

可怕的心理学

主　　编：〔日〕齐藤勇
译　　者：刘　芳
选题策划：北京时代光华图书有限公司
　　　　　北京汉和文化传播有限公司
责任编辑：李　征　陈　静
封面设计：舒思捷
版式设计：杨　童
责任校对：陈　静

北京联合出版公司出版

（北京市朝阳区安华西里一区13号2层　100011）

北京雁林吉兆印刷有限公司印刷　新华书店经销

字数155千字　787毫米×1092毫米　1/16　10.75印张

2011年9月第1版　2011年9月第1次印刷

印数1—15 000

ISBN 978-7-5502-0277-1

定价：29.80元

本书若有质量问题，请与本公司图书销售中心联系调换。电话：010-82894445

目录 · Contents

前言 · Preface

在“深层心理”面前，人是无能为力的，而能解开人类内心深处秘密的心理学，真的很可怕！

我们的言行总是在无意识中受到“深层心理”的影响，从内心产生的愿望、不安和孤独感，到针对他人的攻击和敌意。在我们的内心深处，存在着连我们自己都不知道的某种心理在支配着这一切。

现代社会，随着手机等电子媒介的普及，人与人之间的关系日渐疏远，社会上到处都是因心理问题而避居在家的年轻人和自身人格尚未成熟却负担着培养下一代责任的大人们。

心理学不仅因能够揭示人类言行的奥秘而成为当今最受关注的一门学问，也是人类为了了解自己而必须掌握的一门学问。那么，就让我们踏上探究人类真实面目的可怕旅程吧！

知识发现探险队

第一章

可怕的人际交往心理学

——人的真心话、场面话和谎言

01 所有的人都是会说谎的

——学会事先识别“谎言的信号”

关键词：反向形成　谎言的信号

人类是爱说谎的动物。如果有人说自己从未撒过谎，那么这句话本身就是谎话。

所谓“说谎”，是指故意向他人传达不真实的内容。在人的成长过程中，小孩对父母撒谎的行为被认为是向大人阶段迈进了一步。小孩对父母撒谎的原因是担心自己的想法或行为被父母否定，为了保护自己，不由得说出与之相反的话。这种行为在心理学上被称为“反向形成”。人长大后说谎多数是为了维护自己的体面。也有人认为谎言是一种临时的权宜办法，也就是善意的谎言。

如果谎言没给他人带来损失，在一定程度上是可以被原谅的，一旦损害了他人利益，说谎就变成了犯罪。但有时候，谎言也是协调人与人之间关系的润滑剂。可见，谎言并非一定产生不好的影响。

人们在发现自己被欺骗时的心情也是复杂多样的。可是，当谎言摆在面前时，大多数人还是希望能顺利地将其识破。那么，怎样才能识别谎言呢？

心理学家通常认为，与面部表情相比，说谎的信号更多体现在肢体语言上。比如，说话时用抱胳膊、把手放进口袋等方法将手隐藏起来，或者用手不停地摸脸，这些奇怪的动作都是典型的说谎动作。在说话方式上，对他人所说的话反应加快、话语变短、说话含糊不清等也是说谎时的典型特征。反过来说，若想提高说谎技巧，就应当避免在这些方面出现漏洞。

02 每个人的心中都有一个国家，自己就是国王

——人在厕所或公交车上爆发的地盘意识

关键词：**个人空间感　地盘意识**

相信大家都在公交车上或街道边见过人们因为一点小事情就发生争吵的情景。有人为此不禁发出“现在的人际关系真不好处理啊”的感

慨。这种感叹世风日下的心情是可以理解的。但事实上，不管是在多么繁荣和谐的社会，因为人与人之间的接触、接近而产生的纠纷都是不可避免的。

原因就在于人有个人空间感，也就是地盘意识。个人空间是指以自己为中心，1～2米以内的空间。倘若有人突然闯入这个空间，或是在这个空间内擅自行动，便会使空间所有者感到不快。比如，乘车时，我们经常会遇到那种明明有许多空座，却偏要紧挨着你坐的人；男厕所里明明有不少用来小便的空位，却偏有使用你旁边位置的人以及在公交车里坐在你身后大声打电话的人。有的人仅仅是想象一下这些情形，都会觉得焦躁不安。

个人空间是属于自己的领地。那些忽视甚至侵犯自己领地的人是绝对不可原谅的。也就是说，在身边这个小小的空间内，每个人都是国王。即使别人只是出现在自己个人空间附近，有的人也会无法容忍。对于这些人来说，在自己的身体被别人碰到的时候，地盘意识将最大限度爆发出来。

身体是个人空间的最终边界线。当被人突然触碰到，比如，在路上行走时肩膀被别人撞到或别人手中的东西突然碰到自己时，情绪没有一丝波动的人应该是极少数。不同之处在于，由于性格差异，有人会将不快藏在心里，有人会说出对他人的不满来进行抗议，有人甚至会用极为暴力的方式报复别人。

当然，不是说用小打小闹来处理这种问题就比暴力方式要正确。令人惊讶的是，遇到这种问题时，平时越是老实的人可能越容易大爆发。

03 “腹黑上司”的诀窍

——通过他人来表扬人，最后所有下属都能听命于己

关键词：温莎效应

“A前辈说很看好你。”

“科长因为这个月的业绩表扬了你哦。”

……

无论是在公司还是在学校，如果听别人说自己被表扬了，相信任何人都会忍不住暗暗高兴吧。而且，如果给予自己肯定和表扬的人是平常和自己不亲近或自己对他没有好感的人，人们更会觉得“没想到他（她）是个好人啊”，愉悦感也会倍增。

像这样，通过他人向对方转达表扬和赞许，从而能获得对方更多好感的心理现象被称为“温莎效应”。推理小说《伯爵夫人是间谍》中的主人公温莎伯爵夫人说过“不要忘了，他人的赞扬在任何时候都是最有效的”。这便是“温莎效应”的由来。

没有人不希望被别人表扬。如果自己的言行得到他人的肯定和表扬，每个人都会觉得很满足。并且，在“要报答对方好意”心理的影响下，人们对给予自己肯定和表扬的人的好感也会加倍。

有些下属总是令人感到头疼，例如，毫无常识的年轻职员、只要求权利却不履行义务的晚辈……倘若想成功地收服这些整天让人烦恼的下属，最有效的办法便是运用前面所提到的“温莎效应”。

另外，有心理学试验结果证实：比起从一开始就表扬的做法，从负面评价开始慢慢转向正面评价的方法效果更好。也就是说，平日对待下属越是严格的上司越适合利用“温莎效应”来抓住下属的心。

如果某个上司充分理解人类心理并擅长掌控人心，那么他一定有过这样类似的经历——在那些与“问题下属”私人关系好的同事面前不经意地说“虽然某某某目前问题很多，但将来还是大有希望的”之类的话。当这些话传到“问题下属”的耳中后，“问题下属”就会变得干劲十足，上司也会因此获得来自“问题下属”的好感和充满敬意的眼神。

04 越是时间紧迫越是做“不相干”的事情

——自尊心强的人会“自我设限”

关键词：**自我设限**

工作截止时间快到了，老板却还在整理桌子和书架；快没时间了，那个新人却开始看别的资料。遇到这种情况，肯定有人会忍不住想：都这个时候了，他为什么还在做无关紧要的事？

乍一看，这种人毫无时间观念，但事实却是：越是在时间紧迫的时候开始做“不相干”事情的人，心思越细腻，做事越谨慎。

心理学将这种在时间紧迫时做“不相干”事情的心理现象称为“自我设限”。也就是说，通过制造对自己不利的状况来避免因全力以赴却导致失败所造成的心理伤害。比如说“因为担心越着急越办不好，为了调整一下心情，我稍微收拾了一下桌子，所以没来得及做”、“因为手头有多份工作，我同时进行处理，结果没赶上截止时间”等，人们把这些话作为出现问题时的辩解理由。这样一来，他们就能用各种理由说服自己“因为这样，所以才没做好”。

所以，倘若看到有人在应该忙碌的时候却在整理桌子，我们就会了解“原来他是个自尊心极强、很容易受伤害的人”，就不会因提醒他而伤害到他。如果硬要提醒他，一定要客气地提醒。倘若这样做的人是老板，那他肯定是因为了解情况才这样做，所以最好不要提醒他。

05 越是完美的人越令人讨厌

——完美的人是周围人的“欲望阻止者”

关键词：**欲望阻止者**

工作表现出色，对老板的态度以及对晚辈的照顾都非常到位，热爱公司，工作充满热情，富有挑战精神，能够提出独特的策划方案，成功完成新项目……如此“超人”不仅存在于漫画和小说中，也存在于我们的周围。只是在虚构世界和现实世界里，周围人对他们的态度是不同的。在虚构世界里，他们是被周围人追捧、爱护的对象。但在现实世界中，这样的人却成为周围人心理压力的源头，因变成周围人的“欲望阻止者”而往往被人排挤。

超能干的人认为工作就是完成所有任务。由于他们不轻易放弃，所以工作时间就会延长。如果超能干的人是你的上司，你会觉得他时刻都在释放“从我这儿学学如何成为公司的一员吧”的信号；如果这种人是你的同事，你也会觉得他的行为是在说“我虽然做得这么好，但请大家不要在意哦”。

周围的人如果解读到了这样的信息，就会产生“他能做到的，我没有理由做不到”、“自己的工作结束了，但他还在忙，所以也不好意思先回家”等想法，心里就有一股无形的压力，从而更加努力地工作。

总而言之，一般人都会把超能干的人看成是“不放过任何该做的事”、“剥夺了自己的自由和时间的人”，因此从心底开始讨厌他们。但冷静想想，尽管他们给别人带来了压力，令人讨厌，但坚持完成工作的也是他们。对于超能干的人来说，如果想太平无事，不被周围的人排斥，就必须意识到自己太能干会变成周围人的“欲望阻止者”，所以，有时候也必须学会“偷懒”。

只有做什么事都恰如其分，才能成为真正受欢迎的上司和同事。

06 人就是这样被欺骗的

——利用人的深层心理的推销方法

关键词：得寸进尺法　门前技巧

在心理学上，有以下两种说服他人的方法：

第一种是生活中常被用到的“得寸进尺法”，也被称为“阶段性请求法”。上门推销化妆品的推销员就常常使用这种方法。比如，推销员到消费者家中，刚开始是推荐免费的样品，请求对方协助自己做问卷调查。完成这一步骤后，便开始推销原本打算销售的产品。这样做往往效果显著。美国的一项研究调查表明：接受了最初的样品及问卷调查的人中，有80%的人接受了推销员原本的目的（销售等）。

第二种是让人接受难度较大的请求时非常有效的方法，即“门前技巧”，也被称为“让步请求法”。具体方法是，首先提出难度较大的请求，被拒绝后再提出相对简单的请求。因为人在拒绝别人之后，心里多少都会产生一些愧疚感，为了减少这种愧疚感，当对方提出相对简单的请求时，便很容易答应下来。就推销化妆品来说，如果推销员在推销完10万日元的产品后，再开始介绍8000日元的产品的话，消费者多数会答应购买8000日元的产品。但是，这种方法对时间要求很苛刻，推销者必须在第一个请求被拒绝后立即提出第二个请求。倘若前后时间跨度大，则成功的可能性就小。

07 为掩饰自卑而先发制人

——公司或学校中常见的“问题人士”的异常举动

关键词：补偿　身体边界

相信在很多公司都有这样的职员：他们经常做出一些异常举动。比如，斜视他人、态度傲慢或是言行举止和别人不一样。但他们这样做并不是因为缺乏常识。

奥地利心理学家阿德勒将人们做出的这种行为称为“补偿”。他认为，人之所以会做出奇怪的举动，是因为他们心里有种不愿让人知道的自卑感。这种为了掩饰自卑而采取的先发制人的攻击，或为保护自身而采取的突然袭击就是“补偿”。尤其在与自己地位同等的人面前，这种情况表现得尤为明显。

一般说来，那些用奇怪举动来引人注意的人，其鲁莽、大胆的言行举止实际上是为了保护他们自己时刻如履薄冰般的柔弱内心。对于这种人，不用特别对待他们，只要教他们一些常识和社会规则就好了。

此外，还有一些人虽然言行举止正常，但穿着和发型与普通人相比过于张扬、夸张。有的人是因为有较强的自我表现欲，但也有不少人是因为不知道如何处理人际关系才这样做的。

在心理学上，将分隔自身和外部世界的部分称为“身体边界”。一般来说，衣服就是人的“身体边界”。人与人之所以可以相互接近，正是因为“身体边界”保证了人与人的距离。但是，也有些人对“身体边界”的认识较浅，他们想通过张扬且夸张的外表增强与他人的距离感，以便和他人保持更远的距离。

在私人空间，他们可以通过这种方式充分释放自己的个性，但作为社会人，尤其是在公共场合，怪异的穿着和发型是非常不合时宜的。面对那些穿着打扮超越常规的人，不要毫不留情地批评教育他们，而是应当倾听他们在人际关系方面存在的烦恼，这样可能更容易解决问题。

08 一时的疏忽酿成大错

——经常无意犯错误的人，头脑应时刻保持紧张

关键词：**蔡格尼克记忆效应**

“为什么老犯同样的错误？”

“我明明已经认真确认过的。”

“都提醒过这么多遍了！”

……

有不少人会因一时疏忽犯错误。倘若错误所带来的损失只限于自身，后果还不至于很严重。但是，当错误损害到朋友、同事、客户等其他人的利益时，就不是自责地说句“怎么又犯了”可以解决的了。

为什么人会经常无意识地犯错呢？是因为人的记忆力出了问题。德国心理学家蔡格尼克为此做了如下关于记忆力的调查实验：

他将参加实验的人分为两组做同一课题，其中一组必须将课题全部做完，另外一组只需完成部分课题。随后，让全部完成组和部分完成组分别回忆课题内容。实验结果表明，部分完成组的成员对于课题内容的记忆更为清晰。经过分析，蔡格尼克认为，由于课题没有全部完成，实验参与者的头脑会一直保持紧张状态，因此所留下的记忆能保持得更为持久，而一旦课题完成，有关记忆就会在工作完成的瞬间消退。这种现象在心理学上被称为“蔡格尼克记忆效应”。

在日常生活中，这种现象是极为常见的。比如，大人打发小孩去买东西，小孩在到达商店之前会非常清楚地记得要买的东西，可一旦到了商店后就会立刻忘了要买什么。

那些经常健忘或者经常在无意中犯错误的人很容易受蔡格尼克记忆效应的影响——他们在达到某种目的的过程中，完成了一项工作后就忘了其他工作，从而造成“明明知道的，却犯错了”、“反复犯同样的错误”等情况的发生。

为了避免犯无意识的错误，应该采用“把回家看成是徒步旅行”的方法。也就是说，在没有完成所有工作之前，不要给自己放松的机会。然而，人就是这样的，即使头脑里想得很清楚，也很难避免再次犯错。最保险的办法就是将每一项需要做的工作用笔一一记下，并随时确认进度。这也许是最好的解决办法。

09 右上方是最让人精神紧张的位置

——视觉规律让你轻松掌握自己给别人留下的印象

关键词：**视觉规律**

人在看东西时，在某种程度上是遵循一定规律的，即右侧内容比左侧内容、上方内容比下方内容更容易被人记住，这一规律被称为“视觉规律”。如下图所示，与重点在左下的图相比，重点在右上的图给人印象更为深刻。

注：摘自《图形会说话》 D. A. 唐迪斯著 金子隆芳译 日本科学出版社

在现实生活中，到处都可以见到遵循这一视觉规律的设计。比如，在东京的歌舞伎剧场和国立剧院等配备有上下场通道的舞台，上下场通道都是从左到右铺设的。这是因为随着故事情节的展开及高潮的到来，演出人员自左向右从舞台上通过能极大增强观众的兴奋感。在新闻节目中，通常安排男的在右边，女的在左边。这样一来，女性的柔美与男性的沉稳就能很好地融合在一起。而在相声表演中，捧哏在左边，逗哏在右边，同样是这个道理。

从策划案的制作到宴会时的座位安排，如果都能正确利用视觉规律，就可以收到事半功倍的效果。从这个意义上来说，倘若能读懂人类的心理，便能度过有意义的人生。

10 单纯的爱是不存在的
——爱与恨的作用与反作用原理

关键词：矛盾心理

人在面对某个对象时，是拥有爱与恨两种截然不同感情的。瑞士精神病学家布鲁勒称这种心理为“矛盾心理”。他说：“爱作为人类最根本的欲望，倘若不能得到满足的话，将会影响人类自身目标的实现，导致憎恨的产生。”爱的情感越强烈，憎恨的情感也会越强烈。人们常挂在嘴边的“既爱又恨”就体现了人的这种心理。

依照这个说法，当人们面对自己不喜欢的人的时候，也不会觉得这个人讨厌。反之，倘若觉得某个人讨厌，那一定是因为喜欢他的某些地方的缘故。

某律师在办理离婚案件时有一条诀窍，那就是“首先询问当事人有没有过重新开始的想法”。倘若当事人回答“考虑通过法院审判处理”之类的话，便可判断此人心中对对方仍旧有爱。

事实上，通过询问后发现，不少人的真实想法是“如果有机会还是希望重新开始”、“其实只要对方承认错误，说句抱歉就可以了”。如果已经不再留恋对方，不愿与之有更多接触的话，那就自然不会有“希望通过法院审判处理”的想法了。

如果你目前正觉得某人很讨厌，希望你能冷静地认真想想：那个人真的就那么值得讨厌吗？是否只是一时意气用事？如果真的断绝关系，确定不会再有任何留恋？

与其耗费时间和精力去讨厌某个人，不如做一下换位思考。这样，人生将会变得更为充实。不妨利用人的矛盾心理重新检讨一下自我的情感。

11 探寻自我的人是幸福的

——人的需求欲望序列

关键词：**马斯洛需求层次论**

没有人能像神仙一样没有任何需求和欲望。

美国心理学家马斯洛经过研究，提出了人类需求层次论。他认为，人类需求的最低层次是生理需求（食物、空气等），其次是安全需求、社交需求、尊重需求，最高层次是自我实现需求（发挥自身潜能）。

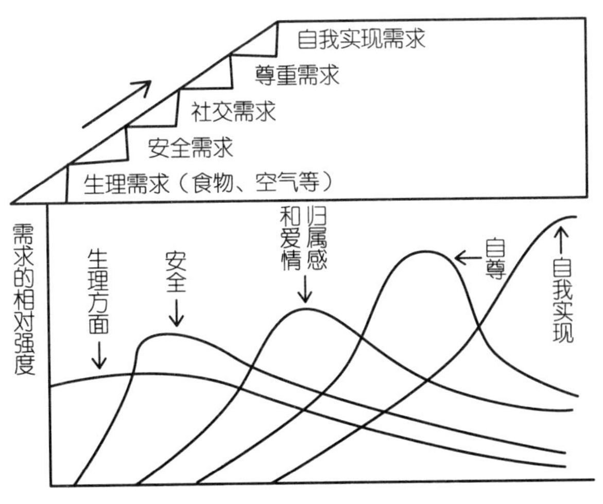

注：马斯洛，1964年

也就是说，人类只有满足了生理需求后才会有安全需求，安全需求得以实现后才会追求社交需求。这些都得以满足后，才会萌发尊重需求，满足了尊重需求后，又会产生自我实现需求。

依照这一理论，日本年轻人经常说的“探寻自我（自己的价值是什么？自身拥有什么？怎样才能被别人肯定？）”相当于需求的第五层次，即自我实现需求。

现在，日本的许多年轻人在食物、睡眠、性、爱情等一般层次的需求得到满足后，开始追求最高层次的需求。他们对自己感到很迷茫，同时希望成为对别人来说不可或缺的部分。

如果有人每天在为最高层次的需求得不到满足而烦恼，不如索性降低生活水平，降低需求的层次，因为很多东西只有失去后，人才懂得其可贵。

12 读懂冲突类型，消除内心冲突

——心理冲突的3种类型

关键词：心理冲突的3种类型

人除了需求外，还有许多想做的事情、可以做的事情和必须做的事情。然而，由于时间、经济、硬件、软件等种种原因，并不能保证所有事情都如人所愿，尤其是在注重情面的日本，经常出现因为自身原因而无法痛快做出决定的情况。可以说，日本人心里每天都充满着各种冲突。

在心理学上，心理冲突分为以下3种类型：

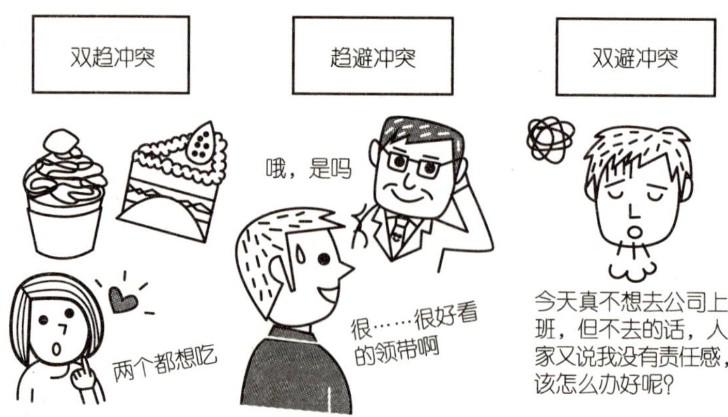

◎双趋冲突

A小姐很有魅力，同时对B小姐也有好感，但只能选择其中一个作为女朋友。也就是说，两个都想选，但必须从中选出一个。双趋冲突就是两件事物都有吸引力，但二者不可兼得，难以抉择，这是一种难以取舍的心理困境。

◎趋避冲突

尽管觉得老板的领带不太合适，但又不能说实话。类似这种情况，某对象有正负两种诱惑力，使人很难做出选择。对于社会成员来说，指的是在真心话和场面话之间左右为难。

◎双避冲突

想在家休息不去上班，但又不希望因此失去他人对自己的良好印象。这种在两种负面诱惑之间犹豫不决的心理冲突就是双避冲突。

倘若能分析出自己的心理冲突属于以上3种中的哪一种，说不定就能找到解决问题的方法。

13 人都希望展现自己好的一面
——将陌生人变成盟友的诀窍

关键词：求人策略

迷路了、隐形眼镜掉了、被危险人物追赶……人们在日常生活中可能遇到很多突发事件，危急程度也有高有低。

突发事件多数是在人们独自一人的时候发生的。这个时候，人们都迫切希望能有人来帮助自己。在选择求助对象时，选择“两人组合”是对的，而那些刚开始交往的情侣则是最理想的。因为和自己关系亲密的人在一起时，人总是希望在对方面前展示自己好的一面，不希望他（她）认为自己无情，也不希望降低他（她）对自己的评价。因此，不管求助人提出的要求多么无理，大多数人都不会置之不理。

但凡事总有例外，有的人会因“不愿让人觉得自己是卷入麻烦事的老好人”，就对原本想展示自己优秀一面的同伴说“还是别管了吧”。碰到这种情况，就需要运用“求人策略”了。

所谓“求人策略”就是通过强调自己的困难处境，以获取别人的援助的方法。

确定好求助对象后，要把自己目前的处境向对方说清楚，例如迷路了、隐形眼镜掉了、被危险人物追赶等。说完目前的处境后，还要记得加上一句“我要是在15分钟内赶不到这个地方，2亿日元的生意就要泡汤了”、“没有隐形眼镜，我什么都看不清楚了”、“要是被逮住，就会失去自由”之类的话，通过这些话以获取别人的同情。这样一来，不仅能得到对方的帮助，还能让对方产生“幸好是在人家真正需要帮助的时候帮了他一把”的想法，从而获得一种至高无上的满足感，使求人策略的效果发挥到极致。

14 掌控“讨厌鬼”的秘密武器

——与他（她）跳“同步舞”

关键词：同步舞

有的人喜欢吹毛求疵，有的人被一些话语惹恼后就会大发雷霆，有的人眼神咄咄逼人……

每个人都会讨厌一些人，因为讨厌，所以不去接近。这是原则性强的人所采用的方法。然而，倘若那个“讨厌鬼”是公司同事或者街坊邻居，不去接近就没那么容易做到了。因为和同事总是要长时间相处的，和街坊邻居也总是要碰面的。

那么，该如何处理这种情况呢？

当然，最好的方法是能改变对方，但人的性格却又不是那么容易就能改变的，而一直控制自己的情绪并强颜欢笑又很痛苦，这时最有效的方法就是模仿对方的言行。因为当人发现自己的言行被对方模仿时，就会以为对方对自己有好感，自己也开始对对方产生好感。这种同步效应在心理学上被称为“同步舞”。

“同步舞”不仅在惹人讨厌的人面前有效，在面对令人紧张的重要客户、老板或是在会见男(女)朋友或者未婚夫（妻）的父母时，也是很有效的。

“同步舞”最简单的做法是：结合对方的谈话，把握好时机适当地点头。但如果使用不当，“同步舞”也有可能导致不可弥补的后果。比如，“同步舞”的动作太大或者过于做作，对方可能会产生“你是在耍我吗？”的想法，结果适得其反。避免麻烦的秘诀在于模仿时一定要摆出一副若无其事的样子。

15 你依旧被人排斥吗？

——“自我总结综合征”让周围人都离你而去

关键词：自我总结综合征

在交谈中，最令人不舒服的情况就是自己总结自己所说的话，即自我总结型交流。在心理学上，这种情况被称为“自我总结综合征”。

典型的例子有很多，比如说“你有好好听我说话吗？你反正是不听话对吧，你总是这样”、“你自己真这么想吗？反正你认为跟我说也没用，是吧”，等等。在日常交谈中，读者也应该听过或者说过类似这样显得极为委屈或卑下的话吧。

出现这样的字眼时，作为听者的一方要么不知道该说什么好，要么只能采取攻击性态度回一句：“那你呢？”也就是说，一旦出现这样的对话，双方也就无法继续沟通下去了。

沟通和交流原本是需要参与者相互倾听对方并发表相关意见的。如果其中一方擅自做出结论，那一切就都结束了。假设参与谈话的人都患有自我总结综合征，那沟通和交流肯定是非常困难的。双方会因心中的不快积压太多，最终只能以情绪化的争论来结束交谈。这种情况多次重复后，双方的关系将上升到彼此憎恶的糟糕程度。如果你和对方是朋友关系，那么还有和好的可能性。但如果是上下级关系、微妙的邻里关系或婆媳关系的话，那将是致命的。

另外，在对方刚开口说话时，就插嘴发表自己的观点，也被认为是“自我总结综合征”的表现。

不管是哪种情形，都会引发纠纷。因此，在与他人的交流中，必须绝对避免出现以上情况。

☆心理学专栏☆

死亡、离婚、被拘留等所造成的心理刺激可以量化吗？

我们在日常生活中所受到的心理刺激如果被量化的话，到底有多少呢？

1967年，美国心理学家霍姆斯和赫雷用“刺激量”一词来表示生活中的各种变化给人们带来的心理刺激大小。具体做法是将人解决意外事件所需时间和精力换算成刺激量。

按照心理刺激量从大到小的顺序，我们制作了一张心理刺激量表（如表1-1）：

表1-1　心理刺激量表

排名	事件	刺激量	排名	事件	刺激量
1	配偶的死亡	100	8	夫妻和解、退休	45
2	离婚	73	9	夫妻吵架	35
3	夫妻分居	65	10	工作职位变化	29
4	被拘留、近亲的死亡	63	11	与上司产生纠纷	23
5	自己生病或受伤	53	12	搬家	20
6	结婚	50	13	情节较轻的违纪	11
7	被解雇	47			

虽然图表中的计算结果有一定的地域性，但对于所有人来说，最严重的心理刺激多数来自于配偶的死亡，而离婚又比近亲的去世所带来的心理刺激大。

心理测试

Q1. 外出旅游的你在酒店的窗边凝视近处的河川。突然，你发现有动物溺水了。该动物是以下哪一种？

A.满脸通红的猴子

B.眼睛发红的兔子

C.白色的山羊

D.黄色的狐狸

Q2. 你漫步到街口处，突然被一个完全不认识的、样子有点怪异的人叫住。你认为这个人会对你说什么？

A.你很漂亮，要不要一起去兜风？

B.不要害怕，我不会对你做什么。

C.和你很有缘，请和我做朋友。

D.本来想偷你钱包的，但我还是放弃了。

Q3. 在街道举办的抽奖活动中，你抽到了“去海外留学一年”的奖券。那么你会选择到哪个国家留学呢？

A.近邻——中国

B.绅士国度——英国

C.问候奥巴马——美国

D.考拉王国——澳大利亚

Q4. 电视里正在直播火箭发射实况。你认为人们欢呼声最高的瞬间应该是什么时间？

A.火箭发射的瞬间

B.火箭发射后的瞬间

C.火箭突破大气层的瞬间

D.火箭靠近其他行星的瞬间

答 案

Q1. 选择猴子的人最宽容

通过所选择的动物，可以判断出你对上司或者下属的宽容度。选择A猴子的人不会责怪对方的失误，属于性情温和型；选择B兔子的人发完脾气后心情立马就舒畅了，并且会很快忘记这件事；选择C山羊的人最爱记仇，会始终在内心贬低对方；选择D狐狸的人言行举止模棱两可，无法明确原谅对方还是不原谅，因为狐狸代表对人际关系心存不安。

Q2. 如何处理纠纷？悲观还是乐观？

陌生人代表纠纷，从所选择的回答中可以看出你处理纠纷的方法。选择A的人会乐观看待任何事情，即使出现纠纷，也认为“总会有解决办法的”；选择B的人不太擅长处理纠纷，容易陷入恐慌；选择C的人属于理论专家，能认真思考解决对策；选择D的人不畏惧任何纠纷，如果能掌握好尺度，会成为有声望的人。

Q3. 工作态度四人四样！选C的人是拜金主义者

从选择的国家可以看出你对待工作的态度。选择中国的人更重视个人享受；选择英国的人希望自己的工作能被合理地安排；选择美国的人只愿意从事薪水高的工作；选择澳大利亚的人则希望自己一个人单独工作，但有时也需要别人的帮助。

Q4. 将来最有出息的是选择D的人

火箭的位置代表你想实现的目标高度，也就是你所追求的社会地位高度。选择A的人没有多大的成功欲望，对待工作和其他事情都极易满足；相反，选择B的人有希望成功，他们在强烈的钻研精神的驱使下会不断进步；选择C和D的人有极大的成功潜力，因为宇宙空间代表新的可能性。

第二章
可怕的男女心理学
——恋爱、结婚和性

01 只有受欢迎的人才知道的秘密

——“保持40厘米的距离”和“10秒以内的初次碰触”

关键词：无意识的一体感

美国心理学家科恩曾经说过：“坐在你喜欢的女性旁边，哪怕比情敌近1厘米。”

虽说在现实生活中，旁边的位置有可能已经被占满了，但这条法则的真谛其实是告诉追求者要坐得与心仪的女性尽量近。这么做当然不是为闻到更多洗发水的香味，而是因为女性更容易对坐在附近的异性产生好感。

话虽如此，但如果太近则会适得其反。当被人抱怨“太近了，太近了”时的距离就是极限值。倘若超过这个极限值，亲近行为就有可能转变成“自杀行为”。保证自然地接近极限距离才是正确的做法。要记住，不是坐在对面而是旁边。坐在对面的话，会在无形中与对方产生距离感，但坐在旁边就不会。

如果进展顺利的话，你甚至还有可能与心上人很自然地发生身体接触。但要记住接触时间在10秒以内是最好的。如果超过10秒，就很难让人相信你不是有意的了。

把握在火车上和初次见面的美女邻座搭话的时机也是同样的道理。只要能过打招呼这一关，就可以在任何时候与她尽情交流了。这个时候，即便忘记了搭讪的原则也无所谓，但打招呼的技巧是必须掌握的。

回到原来的话题，和心仪女性并排坐的真正目的是增强她的无意识的一体感。并排坐的最大优势是双方所看到的景色是一模一样的，也就是说，双方可以一起欣赏美景。就连小学生都知道，一起欣赏景色或是一起听ipod的两个人之间的距离会迅速缩小。

如果你目前还是想通过去对方喜欢的法式餐厅或意大利餐厅来俘获芳心，那么我建议你还不如去回转寿司屋，当然，是要有吧台的那种。

02 规规矩矩的男人配不爱收拾的女人

——人的两性互补性

关键词：互补性

每个人身上都同时具有男性特质和女性特质，其所占比例在每个人身上都是固定的，与性别无关。所以，世界上既有比男人还刚强的女人，也有比女人还温柔的男人。

与好朋友聚会时，人应多显露男性特质。这样大家可以一起喝酒喝到天亮，可以勾肩搭背、旁若无人地大笑；若大家全都很女性化，彼此也能维持很好的关系。但如果一对男女要结为夫妻，则情况就复杂了。

美国心理学家温奇的研究结果表明，当有大男子主义倾向的男性和温柔纤弱的女性结合或好强的女性和细心温柔的男性结合时，夫妻关系良好的概率偏高。这就像磁石的南北极会很自然地相互吸引一样。如果是大男子主义的男性和好强的女性相结合的话，将会怎样呢？也许就会像磁石的同极会互相排斥一样，发生激烈冲突。所以，特质一样的人还是不要做夫妻吧。

心理学将这种男女关系的平衡称为“两性互补性”。人总是想在异性那里寻求自己不具有的东西。建议那些尚未找到伴侣的人现在重新认识一下自己的性格特质以及理想对象的类型。以前，你是否认为和自己性情相仿的人才是理想的伴侣呢？

如果你考虑事情周全，做事一丝不苟，那么你最好找个生活相对散漫的人。当然，散漫也是有限度的，没必要勉强自己和不遵守任何约定、从不收拾房间的人交往。相反，如果你是那种特立独行到被社会侧目的人，最好还是慢慢回到社会所容许的范围内。至于标准，只需让人觉得“好像这人最近变了点样啊”就可以了。

话虽如此，但人各有所好。有人会遇上就连缺点也都喜欢的异性，那个人说不定就是你的最佳伴侣。

03 不要成为恋人的“追星族”
——警惕可怕的“恋爱依赖综合征”

关键词：**恋爱依赖综合征**

依赖综合征是20世纪70年代后半期出现的心理学概念。美国通俗心理学作家梅洛迪·贝蒂（Melody Beattie）认为患依赖综合征的人群具有“会被特定的人的言行左右，同时具有控制他人言行的强烈欲望”的特点。通俗地说，患有此病的人如果认为自己在任人摆布，那么也会要求自己能够随意操纵别人。这两种想法通常是相辅相成的，也是极为任性的。

有人可能会提出质疑：世界上怎么会有这样的人？但实际上这种人是存在的，特别是在恋爱的时候，这样的人就多起来了。

大家应该都见过这样的人：给男（女）朋友发过几条短信后，若一直都没有收到回信，便会情绪低落甚至生气。这些人就有可能患上了轻度的恋爱依赖综合征。

依赖综合征的特点是无论如何都想确认“自己是必不可少的”。拿前面的例子来说，通过对方回短信来确认“对他（她）来说，我是必不可少的一部分”。如果恋人没有回短信，那就糟糕了。不管如何开解自己，患有恋爱依赖综合征的人都会走进“你为什么不回短信？”的死胡同，和对方的关系开始变得越来越疏远。即便最后以分手告终，患有依赖综合征的人对前男（女）朋友也是无法释怀的。他（她）们会持续追问对方“为什么？为什么？为什么？”结果成了“追星族”。即便两个人根本没有在交往，当患有依赖综合征的人喜欢上对方，在遇到事情时，仍旧会刮起追问对方“为什么？为什么？为什么？”的飓风。变成对方的“追星族”也只是时间问题。

04 平时多多练习你的“内心运动神经”吧

——发达的“内心运动神经”让你更受欢迎

关键词：**内心运动神经**

他很受人欢迎，而你不受人欢迎。其实，你和他之间的差别并没有你想象的那么大，差别只在于你没有他机灵。而是否机灵源自“内心运动神经”是否发达。

“内心运动神经”是否发达的标准在于是否能根据不同的TPO（时间、地点和场合）做出恰当的言行。这里所谓的恰当是真正的恰当、合适，与大家通常认为的“有礼貌的做法”是不一样的。比如，看到朋友打喷嚏，关心地问一句“不要紧吧？感冒了吗？”的做法比起什么都不做要稍微好一点。但是，这仍然不足以让人家觉得你这人很体贴。这时，最恰当的做法是在立刻递上纸巾的同时说一句“需要吗？”对方就会边点头边接过纸巾来擦鼻涕。像这样从对方不经意的动作中看出他的期望，并付诸行动的做法会给对方“他真了解我”的印象。

我们已经知道，“内心运动神经”发达的人更受欢迎。那么，怎么才能锻炼“内心运动神经”呢？对于不太受欢迎的你来说，这应该是最想知道的吧。答案就是必须养成多观察对方、多多思考“他想要什么呢？”的习惯。

如果暂时做不到这些，至少也应该做到只要看到对方的笑容，就能够判断出那是否是发自内心的笑。如果对方的眼睛没笑的话，大部分人都知道那一定是假笑。但是，如果眼睛也在笑就一定是在发自内心地笑吗？当然不一定。真正发自内心的笑应该是嘴先笑然后眼睛才笑的。强作笑脸时，嘴和眼睛是同时笑的。如果约会时发现对方的笑有点做作，那么你就应该注意了。

不管怎样，为了更受人欢迎，应该养成多观察、多倾听对方的习惯。但是要记住不要过头了，以免让人觉得紧张。

05 互相抱怨让你和你的恋人分手

——只对人不对事会造成无效沟通

关键词：**无效沟通　相互抱怨**

父母、子女、亲戚、朋友、恋人、知己、上司、下属、同事……我们的一生要与许多人建立起各种各样的关系。不管怎样努力，我们总会遇到合不来的人。虽说合不来躲开就好了，但有时候是躲不掉的。所以，可能的话，大多数人还是希望能和合不来的人改善一下关系。但是，“和那人实在合不来啊……”如果你还有时间在为这些想法烦恼的话，那就应该思考一下如何避免事情发展到最糟糕的地步。

可以想到的最糟糕的地步就是出现无效沟通。例如，事先约好了时间，对方却迟到了。你就会说：“你总是这样，上次也迟到了吧……”

对方心里肯定会想“我又不是故意的。都已经给你道歉了，就不能原谅一次吗？”会出现这样的情况就是因为双方合不来。有时候，你也许还会提到对方以前做过的和迟到完全无关的一些小事，比方说“你这人就这样，之前……”如果你和你的恋人发展到这种地步的话，就为时已晚了。发展成抬杠式的争吵也是正常的，倘若自己丝毫不退让的话，关系就无法改善。

那么，该如何退让呢？首先，不要把对方的过失看得太严重，不能认为“他这家伙，肯定是故意让我等”。其次，不要反过来责备别人说“你才是……”不要说否定别人的话。最后，只要能始终明确争吵的问题点，就应该能避免情况进一步恶化。

06 说话时总是摸鼻子或嘴是说谎的表现

——经营良好夫妻关系的窍门

关键词：非语言动作

导致夫妻关系破裂的最大原因是“第三者”，而说谎就是“第三者”出现的征兆。如果能在最初阶段识破对方谎言，说不定就能防止对方出轨。

倘若对方在说话时习惯右眉上挑或是不断眨眼，一般说来，证明他（她）在撒谎。但是，如果人都是这么容易就被看穿的话，那么谁也不用费那么大精力去揣摩另一半的心思了。人在说话时，心理活动也会体现在手和脚的动作上，我们称之为“非语言动作”。一般来说，人的70%的心理活动体现在面部表情上，而如何判断余下的30%，正是维持良好夫妻关系的关键所在。以下4种方法可以识破对方谎言，请务必作为参考。

◎不好好说话

除了说话吞吞吐吐之外，回答时故意避开话题或者敷衍地简单回答几句也是很可疑的。

◎把手藏起来

除了眼神和嘴，手同样会说话。把手藏起来或者用手抱住双臂，都可以说是异常的。

◎时不时地摸鼻子和嘴

不时地摸鼻子和嘴是掩饰心中不安的典型伪装动作，需要留意。

◎全身动来动去

全身动来动去是想尽快溜掉的表现，而不断抖动双腿是其中最典型的动作。

倘若你的伴侣出现了以上情况，就有必要好好和他（她）谈一谈了。如果对方继续撒谎的话，就要做好跟他（她）僵持一生的思想准备，或者选择离婚（分手）。

07 54%的已婚女子认为夫妻关系和性是独立的

——可怕的性冷淡危机

关键词：性的3个作用

曾经有家杂志针对已婚女性做过一项关于每月性生活次数的调查。

调查结果表明，回答“完全没有”的人的平均已婚时间为6.8年，回答“基本上没有”的为6.0年。于是，他们得出了一个很有意思的结论：婚后第6年，夫妻之间最容易出现性冷淡。

美国的心理学家认为性有3种作用，即生育后代、享受乐趣和沟通交流桥梁。而婚后第6年是这3个方面都出现危机的时期。

有不少人认为生了第一个小孩后，就不再需要为生育进行性生活了。所以，与其说性冷淡导致出生率降低，倒不如说由于不愿生孩子而导致性冷淡。

为享受乐趣的性又是什么样子的呢？在现代的日本，可以获得性享受的场所早已不仅限于家庭了。鉴于网络、DVD、色情商品泛滥，人们不得不承认妻子也只是男人过性生活的选项之一了。此外，随着“即使每天吃大餐，吃多了也会腻”、“男人的本能就是要出去狩猎”等观点的盛行，夫妻间性冷淡进一步加剧。

最后，过性生活是夫妻沟通交流的手段，在现代社会里也不是绝对的了。事实上，在上文提到的问卷调查中，有54%的已婚女性认为“夫妻关系和性是独立的”。

当然，即便缺乏性生活也能维持良好夫妻关系的家庭不会有任何问题。但是，如果是露水夫妻或是同床异梦的情侣的话，那我还是建议双方重新思考一下性的3个作用，过上大家都满意的性生活。

08 你是否在为性变态而烦恼
——不清楚正常和不正常的分界线

关键词：性变态

奥地利心理学家弗洛伊德说过："在人的成长过程中，性爱对象是会发生变化的。最初是自己，之后是同性，然后是异性。"所以，在青春期喜欢同性不能说是不正常的，它只是人成长过程中一段经历而已，特别是在女子学校等无法与异性接触的环境中，这种倾向尤其明显。在那样的环境中，同性只不过是异性的替代品。但是，也有人长大后仍旧将同性作为性爱对象，这就是同性恋了。

过去，同性恋被认为是不正常的，但现在已经慢慢被社会认可了。在有的国家，同性恋还获得了合法地位。可见，由于嗜好和倾向不同，性行为的个体差异极大，某个现象倘若被社会上的大多数人认可的话，那就不再是不正常的现象了，也就很难分辨清楚正常和不正常的分界线了。

除了同性恋外，还有不少人为“性变态”烦恼。“性变态”包括量的异常和质的异常。其中量的异常包括性欲过旺、性无能、性感缺乏等；质的异常则包括对象异常和目标异常这两种情况。其中，乱伦、恋尸癖、恋童癖、恋物癖等属于对象异常，而虐待狂、好嫖赌者、暴露狂、偷窥狂被认为是目标异常。不过，只要不违反法律，不给他人带来麻烦，就没必要为此感到自卑。

09 想知道别人在想什么就要注意他的左脸

——看透别人内心的相面小窍门

关键词：面部语言

人在高兴的时候嘴角会放松。由此可见，心理活动会在很大程度上影响面部表情。美国心理学家保罗·埃克曼（Paul Ekman）和卫理·弗瑞森（Wally Friesen）认为，人在感到惊讶时，心理活动会体现在整个面部；感到恐惧时，心理活动会体现在面部的上半部分；感到厌恶时，心理活动则体现在面部的下半部分和下眼睑。听我这么一说，你是否也觉得“啊，是这么回事”呢？

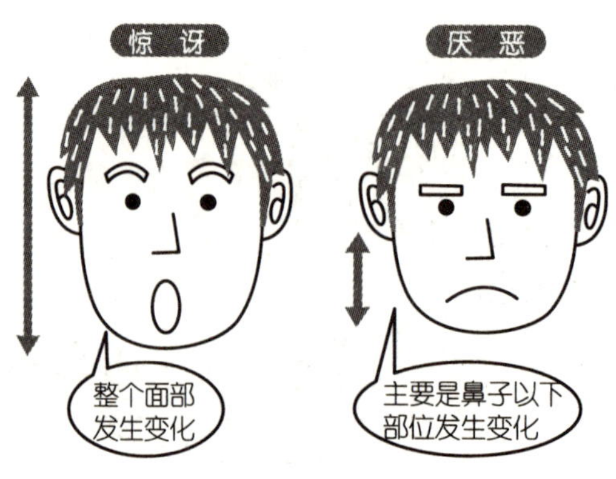

也许你会认为，了解到这一点后，就可以很容易读懂对方的心思了，但事实却并不一定这么顺利。这是因为大部分人都知道心理活动很容易体现在面部表情上，所以，在想要掩饰内心真实想法时，会刻意控制自己的表情。尽管如此，我们在一定程度上还是有办法看透别人内心的，方法就是注意对方面部的左半部分。

人面部的左半部分和右半部分不仅不是对称的，而且有很大差异。如果我们分别将人类左右半张脸的照片翻转过来拼成一张完整的脸，比较合成的照片后就会发现，用左半部分合成的脸和右半部分合成的脸区别大得令人惊异。同样都是吃惊的表情，左半部分合成的脸的表情要比右半部分的脸的表情更为明显。

这样一来，问题就简单了。如果想知道对方在想什么，只要注意他左半部分的脸就可以了。另外，和恋人并排坐时，记住坐在他（她）的左侧，这是驾驭恋爱的绝佳方法。

10 女人会“偷偷”用姿势表明对男人的态度

——女人的无意识肢体语言

关键词：**无意识肢体语言**

除了面部表情以外，肢体语言，尤其是无意识的肢体语言同样能反映出人的各种情绪。能否领会这些肢体语言的含义，直接关系到能否把握住与异性发展的机会。例如，当异性交叉着双腿，男性就会想：她大概在向我发出信号。但实际却并不一定。男性会这么想，应该是受电影

《本能》中莎朗·斯通的表演的影响。当然，如果有异性像莎朗·斯通那样卖弄地交叉双腿的话，我们还可以抱有幻想。但一般情况下，交叉双腿是自我防卫的表现。所以，追求这样的女人通常是没有结果的。同样，双腿紧紧并拢，坐在那里一动不动的女人也是很难追到手的。因为这个姿势代表“性禁止”。所以，原则上，如果女性双腿不交叉，保持自然姿态，是最有希望追求的对象。

比起坐姿规矩的人，追求总是靠在椅子上放松的人，成功的希望更大。选择搭讪对象时，坐姿散漫、不检点的更好。这些人被认为是有性欲望的，追求她们肯定没问题。

察觉出对方对自己有好感确实很重要，但对于男人来说，仅仅知道这一点是不够的，还必须判断自己是否被女人讨厌。如果不知道对方讨厌自己，还一个劲地展开追求，不仅会给对方带来不便，也是在浪费自己的时间。之后要想使对方转变态度也不是那么容易的。

心理学家通过研究身体姿势和好感度的关系后发现，女人如果不信赖对方时，通常会交叉双腿或抱着胳膊，身体向后仰。和交叉双腿一样，抱胳膊也是自我防卫意识的体现。另外，身体不正对对方也是警惕的体现。

以上列举的有关女人发出的好感信号及讨厌信号，希望女人们也记住，尽量避免不必要的误会。

11 眼睛真的和嘴一样会说话吗?

——说谎的男人转移视线,说谎的女人直视对方眼睛

关键词:**开放自我　开放自我的反作用**

虽说“眼睛和嘴一样会说话”,但如果认为“只要看着对方眼睛说话,便能知道他(她)是否在说谎”,未免有点太绝对了。

某个要求被实验者不准说实话的实验表明,男性说谎时视线转移的时间更长,女性却刚好相反,凝视对方的时间反而更长。由此可见,女性更擅长撒谎。但是,撒谎时,不论男女,很多人都可以做到故意盯着对方眼睛。

“你认为我在说谎吗?那你看着我的眼睛,像是在说谎吗?”越是说这种话的男人,越让人觉得他是在说谎。当然,他也有可能是在说真话。只不过,如果一旦被人怀疑,即便是说真话也没有用了。

如果很难看穿对方的谎言,那么只要让他说实话就好了。但是,该怎么做到这一点呢?关键在于“开放自我”。

美国心理学家通过实验发现,使对方最容易说实话的方法是:坐下来的时候,倾听者轻轻触摸一下说话人的身体。此外,在对方开口说话之前,倾听者先说自己的事情。这是因为根据“开放自我的反作用”原理,当毫无保留地公开自己后,对方也就自然而然地开放自我,说出真心话。

即使不能完全达到让对方开放自我的目的，先开放自我也能让对方产生好感。这样一来，对方也希望通过开放自我使他人产生好感。在此基础上，再稍微加以身体接触，使对方产生亲近感，从而迈出建立真实可靠关系的第一步。

人类也许是比自己想象的更单纯的动物。

12 与他（她）的谎言大作战

——如果对方反击你，他（她）可能真的出轨了

关键词：欺骗的心理

如果发现另一半在欺骗你，你一般有两个选择：一、狠狠地责备他（她），发泄心中的怒气后直接分手；二、让他（她）自己招认和道歉。毫无疑问，选择后者才是上上之策。

当意外发现另一半在撒谎时，绝对不要立即质问他（她）。因为这个时候你所知道的仅仅是他（她）在撒谎，但更重要的问题是要知道他（她）为什么撒谎。当然，大部分是因为男女关系。

当你发现对方在撒谎时，“作战策略”应该是这样的：首先，不动声色地问对方有没有什么秘密。对方尽管内心焦急，表面也会故作冷静。如果这时他（她）显得心神不宁的话，那就没有大问题。因为胆小如鼠或者说正经的人是不敢乱搞男女关系的。

关键在故作冷静的对方发起回击的时候。如果对方反过来说“你才有什么秘密吧？”那么他（她）一定很可疑。因为人在欺骗别人的时候，总是会无意识地通过提相同的问题来回击对方。

另外，没等别人追问就说“你就是问我，我也没什么可说的”的人也肯定有问题。这个时候你可以先保持沉默，私下寻找确凿的物证，或是什么都不说，默默地流泪，或是突然离开。可选择的做法有许多。

相反，发现自己在被别人套话时的应对策略是痛快地承认。因为人一般不会说对自己不利的话，就这样将计就计，很容易就让对方放心，不再追问，继续过和以前一样平静的日子。当然，做到既不撒谎也不出轨，才是完美的。

13 接近意中人的小窍门

——在接近意中人的过程中，必定有“接近警惕反应”来捣乱

关键词：**接近警惕反应**

与对方的空间距离和与对方的亲密度之间有很大联系。如下图所示，在心理学上，将人与人之间的距离分为以下4种：

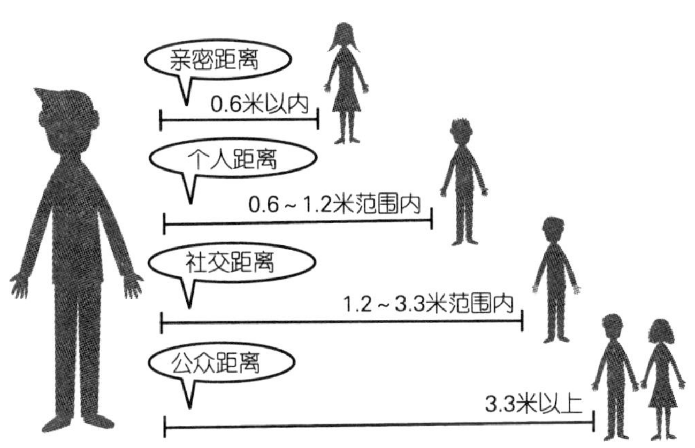

以上4种距离是人按照亲密程度分别允许完全陌生的人、合作伙伴及上司、朋友及公司同事、恋人及家人靠近自己的距离。倘若你与对方的距离小于他认可的范围，对方会感到紧张不安，会情不自禁地提高警惕进行自我防卫。这种现象在心理学上被称为“接近警惕反应”。不过，如果内心实际上是希望对方靠得更近的话，这种行为就会很容易被接受。

为了判断情况，应该一边小心翼翼地缩小距离来试探对方的反应。如果没有被对方接受，就应该立即缩回身子。这样不断重复，如果最后能进入亲密区域的话，对方就能成为自己人了。

是否有机会和对方交往，是否能进一步突破，就全看你自己的了。

14 爱请客绝不代表有钱

——为占据优势，工资越低的人越爱显摆

关键词：放大自我

如果你的朋友每次总爱在吃饭时说“我请客”，那么你就有必要偷偷看一眼他钱包里到底有多少钱了。因为喜欢请客显摆的人并不都是有钱人，更多的时候是没钱的。

不管在什么场合，比如公司同事一起喝酒、老朋友聚会或和恋人约会时，总会有男人爽快地说“这次我请客啊”。请客让这个男人获得了快感，为了获取这种快感，他会在不用请客的情况下也坚持挥霍金钱。结果身无分文，不得不通过消费者信贷借款度日。

这种即使借钱也想“在别人面前占据优势地位，享受成为大人物的感觉”的现象被称为“放大自我”。

一般情况下，社会地位越高的人工资越高。很多工资低的人在工作中感到脸上无光，能够自由支配的钱也较少，久而久之，挫败感就产生了。为了释放这种失意和挫败感，人们开始追求成为大人物的感觉。于是，为了能在别人面前显示自己度量大，为了让别人感谢自己，便请客做东。即便只是暂时占据优势，也会感觉心情超棒。

另外，喜欢请客的人不太喜欢让别人请客。通过请客做东，他们可以从每天感受到的压抑中解放出来。在他们看来，如果让别人请客，便会倒退成为“小人物”，就使别人占据了优势。

如果你周围的朋友中有喜欢请客做东的人，一定记住不能随便对他说“你请客吧”之类的话。如果他对你说“我来请客”的话，为了满足他实现“放大自我”的心愿，可以高兴地表示接受。但是，倘若这样的情况多的话，一定要记得委婉地拒绝他。

15 即便是性生活满足的人也会经历婚外情

——“无意识”的婚外情

关键词：欠缺感　刺激

从古至今，夫妻之间的欠缺感始终被认为是出轨的最大原因。当婚后生活相对平静、双方分工明确、感觉安定时，夫妻之间便容易出现欠缺感，从而产生“婚姻生活不应该是这样的吧？”的疑问。

夫妻双方都有可能产生欠缺感，但由于性别差异和个人差异，每个人所追求的东西是不一样的。比如，不管年龄多大都始终追寻母亲的身影、有恋母情结的男人，属于“永远的麦当娜”的追求者，他们会选择成熟女性作为婚外恋的对象，但由于所选择的对象不可能和母亲一模一样，所以最终会以分手收场。男人们会把这样的结果归于对方的错，分手后再和别的成熟女性交往、再分手……如此不断重复。同样，有恋父情结的女人追求的是“永远的父亲”。她们迷恋与自己岁数相差较大的男性，但和有恋母情结的男人一样，由于合不来，最终还是会与对方分开。

有人认为欠缺感源于夫妻性生活不和谐。然而事实上，欠缺感不全都源于性生活。通过对有过婚外关系的男女所做的一次调查发现，半数以上的人回答他们“对夫妻性生活很满意”。

那么，为什么不能做到只和伴侣之间过性生活呢？丈夫发生婚外关系的主要理由有“追求刺激”、“出于当时的情况，情不自禁”。而妻子的理由除了“追求刺激”以外，还有“追求人与人之间的交往”，也有很多人是想“培养对方对自己的依赖感”。

在现代社会，夫妻双方各自从事不同的职业，人生的绝大部分时间是各自单独度过的。回到家中，依旧机械地重复和平时一样的生活。这种生活有时候会让人觉得很安定，有时候却会让人觉得缺少刺激。因此，偶尔改变一下房间摆设或是通过角色扮演来尝试其他交往方式，情况也许会变得好一点。

★心理学专栏★

失去爱人是痛苦的，悲伤甚至可能使你患上癌症、中风、心脏病。该如何从这种痛苦中走出来?

对于人类来说，最大的心理打击是失去所爱的人。心理学家德肯将人从悲痛中恢复过来的过程称为“治愈悲伤的过程”，并将其分为以下12个阶段：

①**精神因受到打击而处于麻痹状态**。为了避免身体因过度悲伤受到伤害，内心开始启动防卫机制，暂时性地拦截悲伤信息，以致人的精神处于麻痹状态。

②**否认事实**。在感情上和理性上都不接受对方已经死亡的事实。

③**恐慌**。因不能接受对方的死亡事实，精神陷入混乱状态。

④**发怒和不安**。对方的死亡给予的打击稍微有所减轻后，在感到悲伤的同时，因想不通为什么要自己独自承担痛苦，于是开始发怒。

⑤**敌意和怨恨**。通过对周围人发怒来释放无处发泄的悲伤。若对方是因交通事故而死，则会针对肇事者发怒；若是因病而死，则会针对医院相关人员。

⑥**罪恶感**。后悔“对方在世的时候，要那样做就好了”、“要是不这样做的话，说不定现在还活得好好的呢”，因而责备自己。

⑦**产生幻想**。认为对方还活着，在现实生活中也当对方还活着。

⑧**孤独、忧郁**。在葬礼结束、生活稍微恢复平静后，开始产生无法排解的孤独感。有的人甚至会变得不愿见人。

⑨**精神空虚、丧失生活目标**。因为精神空虚，找不到生活目标，

变得没有干劲。

⑩**想开了，接受对方已死亡的事实**。认识到自己所爱的人已经不在世间，开始努力接受对方的死亡事实。

⑪**产生新的希望，重新拥有幽默感和微笑**。可以重新拥有幽默感和微笑，开始寻找生活的新希望。

⑫**重新站起来，获得新生**。整个丧失亲人的过程经历完毕，获得新生。

并非所有人都会按照这个顺序依次经历该过程中的所有阶段。最新的身心医学研究发现，有不少人在这个过程中会患上癌症、中风、心脏病等疾病。

心理测试

Q1.你和好朋友在家里聚会。玩得正高兴时，地上出现一只蟑螂，你会怎么做？

A.发出一声尖叫　　B.没办法，只能喷杀虫剂

C.用尖的东西刺死它　　D.用东西拍死它

Q2.一直梦想组织乐队的你，终于实现了梦想。除主唱外，你最想成为什么？

A.控制节奏的鼓手　　B.酷爱键盘的键盘手

C.负责低音的贝斯手　　D.使用拨片的原声吉他手

Q3.正在开会，你的手机却响了。铃声是以下哪种音乐呢？

A.以爱为主题的缠绵音乐　　B.甜美的恋爱音乐

C.疗伤型音乐　　D.十分时尚的潮流音乐

Q4. 为了调节心情，你准备改变房间的摆设。你决定首先买个沙发，你会选择哪种颜色和花纹呢？

A.颜色偏亮的米色，格子花纹　　B.可爱的红色，无花纹

C.稳重的灰色，无花纹　　D.清爽的纯白色，无花纹

答　案

Q1. 吵架了，你会怎么办？

谁都讨厌蟑螂，但从你击毙蟑螂的方法中可以看出，当你和朋友或恋人发生矛盾时，你会如何处理。选择A的人在躲避现实，等待他人帮忙解决或者让时间来解决问题；B中的杀虫剂代表不满；选择C的人喜欢见血，一旦与人发生矛盾，一定要争个谁是谁非，直到“头破血流”为止；选择D的人通过和对方说心里话来解决问题，属于对待任何事情都喜欢主动处理解决的类型。

Q2. 你喜欢什么样的性生活？

乐器代表异性。通过所选择的异性，可以看出你喜欢怎样的性生活。选择A鼓手的人，喜欢让自己处于主导位置，让对方愉悦；选择B键盘手的人重视技巧；选择C贝斯手的人属于安定型，认为从开始到最后始终按照和平时一样的方法去做是最好的；选择D原声吉他的人在和对方拥抱的时候能感到幸福，属于安稳平静型。

Q3. 选择C以外的人，都有横刀夺爱的倾向

手机在课堂上或会议中响了是缺乏常识的表现。从这一缺乏常识的行为中可以测出你横刀夺爱倾向的程度。选择A的人，每当朋友有交往对象时便开始横刀夺爱；选择B的人平时显得很老实，但若迷恋上某个人，即便是朋友的恋人也要夺过来；选择C的人本来就不擅长与人相

处，也就不可能对朋友的恋人产生想法；选择D的人会轻松谈恋爱，即便夺了他人所爱，也不会觉得愧对朋友。

Q4.结婚可能性最高的是选择D的人

沙发是用来休息的，从所选择的沙发颜色和花纹可以看出你对婚姻的态度。选择A的人认为即便一辈子单身也不要紧，对结婚兴趣不大；选择B的人希望结婚后和对方仍旧保持恋爱关系；选择C的人希望通过结婚让内心安定；选择D的人结婚欲望最强烈，如果有喜欢的人，恨不得马上与之结婚。

第三章
可怕的梦和深层心理学
——梦的真面目

01 不做梦是危险的信号

——不做梦的人内心充满过激的愿望和深度的不安

关键词：**做梦的意义**

人肯定都会做梦。据研究分析得知，每个人一晚上会做3～5次梦。也许有人会说“我没做梦”，然而事实只是你做了梦没留下记忆而已。因为在睡眠过程中，大脑中有关记忆的系统处于休息状态，若中途不被别人叫醒或不是自然苏醒的话，有关梦的记忆很容易消失。

但是，感觉最近没做过任何梦、一段时间内没有做过梦的记忆或感觉很长时间没做过梦的人要警惕了，这是你的内心在向你发出危险信号。

著名心理学家弗洛伊德经过分析认为，人之所以做梦是因为人内心深处的愿望和不安会在人睡着的时候于梦中体现。也就是说，醒着的时候无意识地压制住了的愿望和不安，在人睡着的时候，由于自我的控制能力减弱，就会显现出来。

如果体现愿望和不安的梦很激进，大脑就会发挥“检阅功能”，自动地不让这个梦留下记忆。也就是说，大脑有将原本就易消逝的有关梦的记忆进一步消除的功能。可见，长时间没有做梦记忆的人实际上是在长期做着不合情理的梦。换句话说，这种人始终抱有过激的愿望和深度的不安。

02 与实际愿望完全吻合的梦是危险的

——梦都是经过大脑过滤加工后的产物

关键词：**梦的生产　压缩　替换　象征化**

潜意识里的愿望和不安会通过梦体现出来。但是，大脑在对梦的内容进行检查后，还需要对梦进行加工改编，心理学上称之为“梦的生产”。

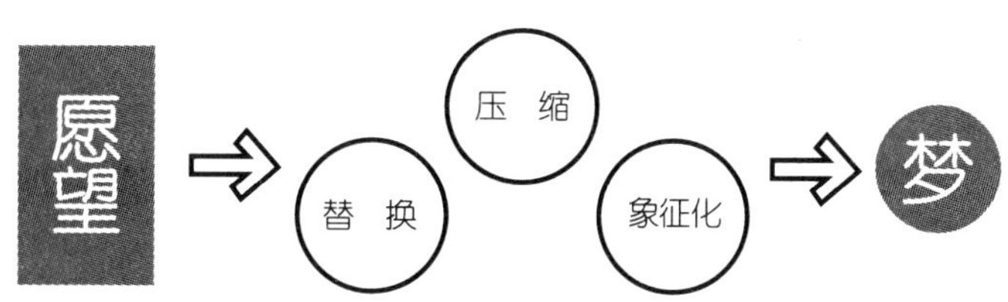

“梦的生产”包括压缩、替换、象征化等过程。压缩就是将若干零散的要素整合为一个整体，替换就是将现实中重要的事情变更为类似或完全无关的事情，而象征化就是用别的物体来象征现实中存在的物体。例如，梦中用棒或伞代表男性生殖器官，而用箱子或口袋代表女性生殖器官。

也就是说，潜意识里的愿望和不安通过大脑的检阅和加工后呈现出来的梦才是正常的梦。如果所做的梦没有任何扭曲，和现实愿望完全吻合的话，这些人的心理状态就令人担心了。

对于这样的人而言，也许是因为身心十分疲惫，以至于大脑的检阅系统和加工系统无法正常工作；也或许是思虑过度导致欲望完全打开。不管是哪种情况，心理上都急需放松和调整。

是前进还是后退，是逃避还是面对，都在于你自己。也许，做更为诚实的自我是更重要的事。

03 梦到红色衣服说明欲望尚未满足

——与精神状态密切相关的“潜意识剧场的演出”

关键词：彩色的梦

曾经在很长一段时间里，人们认为“彩色的梦不吉利，是不好的事情将要发生的预兆，暗示做梦的人健康状况不佳”。然而，随着研究不断深入，更多人认为梦一般都是彩色的。即便有的人不记得做过彩色的梦，那也只是因为在梦里对颜色没有太在意，或是记不起来梦里的颜色了。

每个人的梦都是有颜色的，但梦里的颜色基本上只有1～2种，且细节部分是没有颜色的。调查结果表明，梦中出现的颜色中频率最高的是绿色，其次是红色，再次是黄色。

绿色说明做梦的人心理状态稳定，同时也暗示他的知识和经验不足。红色多在有好事的时候梦到，说明做梦的人正在对某种东西倾注热情，暗示其心中有恋爱的愿望。梦到红色衣服，说明做梦人的性欲很强。若黄色是梦境主色的话，说明做梦人目前的生活状态非常好，可能正与幽默的人一起共度时光（幽默的人能使你发自内心地感到开心），生活也充满活力。

那么，希望你能回忆一下昨天晚上所做的梦。梦中的颜色可以在一定程度上判断你目前的心理状态和感情强弱程度。

但梦到吃饭、喝水、上厕所等情节时，人是没法感到任何味道、口感和气味的。心理学家分析认为，这是因为人即便是在清醒的时候，气味和味道也很难在大脑中留下印象。因此，即使觉得好像有在梦中尝过美味，那也只是心理作用，事实上什么都没有。

04 伟大发明家的灵感来自梦境

——做梦是大脑正在进行策划、设计

关键词：**梦的创造力**

我们在做梦时，根据常识掌控意识的大脑也处于睡眠状态。换句话说，大脑在摆脱各种束缚后，处于一种无意识状态，可以进行天马行空的思想活动。

人在进入梦境后大脑没有了任何束缚，有可能不断产生平时想不到的崭新独特的想法。在心理学上，这种现象被称为“梦的创造力”。

历史上著名的发明家中就有人因“梦的创造力”做出了大发明。德国化学家斯特拉多尼茨有一次梦到“原子像蛇一样一边跳动一边咬自己的尾巴”，由此想到苯分子是由6个碳原子构成的环形；美国发明家伊莱亚斯·豪因为在梦中“抓到一个拿着长矛的土著人，他所拿的长矛尖上有孔”，由此想到在针头打孔穿线，继而发明了缝纫机；意大利作曲家塔尔蒂尼也说过“虽然将梦中听到的完美旋律做成了曲子，但怎么也比不上梦境中听到的曲调优美”。

听完这些名人的故事，不禁让人觉得即便是普通人也极有可能在梦中产生非同寻常的想法。只要梦中的想法能留在记忆中，也许我们也能做出最受欢迎的产品策划书。

起床后立即记下自己所做的梦是个不错的方法。但是，奇迹般的想法只会在那些每天坚持努力的人身上才能诞生。因此，我们要坚持不懈地努力！

05 梦的象征意义（一）

——梦中的人物代表什么?

关键词：**梦与深层心理**

潜意识里的愿望和不安会在梦中得以体现。了解梦中出现的人物代表的含义是破解人类深层心理的重要手段。

◎小孩

如果梦到的是自己的小孩，则代表你对自己的现状感到不安；如果是别人的小孩，那么梦到小孩玩耍代表内心有逃避人际关系的愿望；梦到某个大人变成小孩，说明你目前正在担心这个人。

◎老师

梦到老师，说明你目前内心对权威人士、面子和伦理道德很敏感。有时候，对上司、前辈、父母的感情也表现为对老师的感情。

◎一大群人

梦到自己远远地看着一大群人，是丧失自信的表现；梦到从人群中钻出，暗示你决定重新迎接挑战的决心；梦到自己被一大群人目不转睛地盯着，说明你惧怕周围人的评价。

◎尸体

如果梦到的是认识的人的尸体，表示你心中有负面情绪；若是陌生人的尸体，则有再生的意思；梦到死人复活，表示害怕与人再次发生纠纷。

◎体育选手

梦到著名的体育选手，表示内心充满憧憬；梦到不认识的体育选手和自己一起比赛，说明目前工作和恋爱都很充实；若梦到自己在比赛中输了，表明目前处于焦虑状态。

◎老人

梦中老人所说的话，多是自己对自己的有用建议。

◎小偷

小偷代表内心充满不安和困惑。梦到家里进贼，暗示不久可获得解除不安状态的方法；梦到自己是小偷，说明目前正卷入某些麻烦事。

◎罪犯

梦中的罪犯是背负自己心中内疚和秘密的替身。梦到被罪犯纠缠，说明你对自己目前面对的问题感到压力很大；梦到和罪犯对抗，说明势态正变得明朗起来，问题可以得到解决。

◎历史人物

历史人物代表你希望被他人肯定。梦到自己是某个历史人物的朋友，说明你的内心更有自信了。

06 梦的象征意义（二）

——梦中的物体代表什么？

关键词：梦与深层心理

梦中出现的物体体现着我们潜意识中的不安和愿望。我们可以通过了解梦中各物体所代表的含义，分析自己真正需要什么。

◎鞋

鞋代表行动力、公众的评价和女性生殖器官。梦到穿鞋子，表示想获得事业成功、自信心或拥有新恋人的愿望强烈；梦到鞋子丢失，暗示工作失败、失恋或离婚。

◎内衣

内衣代表非公开的自我。梦到穿着内衣外出是内心在向你发出警告，说明你过分自信或者是你一直在滥用周围人的好意。

◎手表

手表代表与社会基本常识相对立的感情。梦到买手表，说明希望改变目前的生活方式；梦到手表坏了，说明你想逃避目前的生存环境。

◎镜子

镜子代表自己周围的环境。梦到镜子，说明对现状存有相当大的困惑。

◎地图

地图代表对前途的安排、经济上的预算和生活规划。梦到地图，说明对上述相关事情存在困惑和不安。

◎气球

气球代表日常生活中的小愿望。梦到吹大气球，说明欲望在膨胀；梦到气球破了，暗示要断掉实现愿望的念头。

◎汽车或自行车

汽车、自行车代表目前工作、生活中的活力与境况。梦到乘坐汽车或骑自行车兜风，说明生活如意；梦到交通工具出故障，则说明目前境况不佳。

◎鱼

鱼表示内心的动荡。如果你梦到自己在吃鱼，说明你一直以来压抑的感情处在爆发的边缘。

◎肉

肉代表生命力和野心。梦到吃肉，说明你极其希望改变自我；如果梦到吃人肉，说明你改变自己的欲望非常强烈。

◎酒

梦到和年长的人一起喝酒，说明成功的欲望很大；梦到买酒，说明你希望扩展现实中的人脉；梦到喝醉酒，说明你产生了新的价值观。

07 梦的象征意义（三）
——梦中的场所代表什么?

关键词：梦与深层心理

梦可以体现潜意识里的愿望和不安。作为梦的舞台，梦中的场所有以下含义：

◎家

家代表自己的内心。梦到家没有了，是内心感到孤独的体现；梦到在盖房子，是精力充沛的体现；梦到翻新房子，是希望改变外表。

◎学校

已经工作的人梦到学校，说明在逃避现实；梦到被老师批评，说明在压抑自己的情绪；梦到在学校迷路，暗示你正在对目前应该做的事情置之不理。

◎公司

梦到公司里凌乱不堪，说明目前的工作难度超越了自身能力；梦到陌生的公司，说明内心有转行或调换工作地点的愿望。

◎便利店

便利店所销售的商品代表自己心中的愿望。梦到商品较少，暗示你精力不足；梦到排队等待付款，是自身不成熟的体现。

◎动物园

动物是自己的替身。梦到动物从笼子里出来，说明希望从现状中解放出来；梦到自己是饲养员，说明有控制自己或支配他人的欲望。

◎窗台

窗台代表自身与外部的边界线。梦到窗户打开，说明对工作和生活的积极性很高；梦到从窗口看外面，暗示因被孤立而感到恐慌和不安。

◎岛屿

岛屿体现独立性、表现自我的愿望。梦到和某人在岛屿上，说明你非常希望在集体内发挥个性。

◎海

海代表潜意识，海岸、陆地代表自己真实的意识。梦到惊涛骇浪，说明内心动荡不安；梦到在海岸边眺望海，说明希望认真审视自我。

◎山

山代表男人的目标、应该越过的障碍。梦到火山爆发，是即将发生纠纷的预兆；梦到在山中遇见某人，暗示在期待这个人给予自己帮助。

◎战场

战场代表在公司、学校或家中等自己活动的主要场所中遇到的困难。暗示目前心理压力过大。

08 梦的象征意义（四）

——梦中所做的事情代表什么？

关键词：**梦与深层心理**

梦是经过大脑的检阅和加工处理过的产物。在梦中所做的事情通常有以下含义：

◎飞

飞的动作代表对现实感到不满，或希望从自卑中走出来。暗示目前处于希望获得自由、独立的心理状态中。

◎杀人

梦到杀朋友，表示希望改善和对方的关系；梦到自杀，表示希望改变自我；梦到杀陌生人，和自杀的含义是一样的。

◎唱歌

梦到开心地唱歌，表示在现实中承受着很大的压力；梦到唱不好歌，暗示在人际关系方面存在烦恼；梦到某人唱歌，表示恋爱的欲望很强烈；梦到合唱，表示希望获得周围人的爱护和支持。

◎掉下来

梦到自己从高处掉下来，说明自尊心受到了伤害；梦到某人从高处掉下来，说明十分爱这个人。

◎吃饭

梦到吃饭，说明欲望尚未满足。

◎上厕所

梦到自己上厕所并不是身体在发出排便信号，而是说你目前有释放压力的愿望；梦到某人上厕所，说明羡慕、嫉妒这个人。

◎参加宴会

梦到有陌生的异性出现，代表有靠近别人的想法；梦到被他人高度称赞，暗示目前你的内心十分消极。

◎参加葬礼

参加葬礼代表某种结果将要出现。暗示你将从失恋或工作失败中重新站起来，比如会出现事业好转、考试合格等结果。

09 梦的象征意义（五）

——梦中出现的现象代表什么?

关键词：梦与深层心理

会在梦中留下记忆的现象通常有以下含义。希望这有助于你分析自己目前的心理状态。

◎下雨

雨代表恩惠，梦见下雨是以前的努力将取得成果的前兆。梦到雨中夹杂着泥水，说明你目前因处境困难而身心疲惫。

◎下雪

梦见雪安静地下着，代表内心宁静；梦到雪结成冰，是内心孤独和悲伤的表现，暗示你希望得到爱。

◎刮台风

梦到刮台风说明感情正发生极大动摇。暗示心里充满危机感和挫败感。

◎地震

梦见地震说明价值观发生了改变，信念发生了动摇。暗示你在经济、健康等方面出现了危机。

◎火灾

梦到发生火灾代表感情和性欲高涨或是处于被逼迫中的心理状态。梦到自己家着火，暗示恋爱、事业会成功；梦到被卷入浓烟当中，表示对问题爆发充满危机感。

◎庙会

梦见庙会是现实中感到寂寞或受到拘束的体现，表示希望从中解脱。梦到在庙会上卖东西，说明希望回到开心的过去。

◎表彰大会

梦见表彰大会表示对自己所做过的事感到不安。

◎做爱

梦到做爱说明体力和精力都很充沛。梦到不愉快的性生活，暗示健康或精神方面出现了问题；梦到性虐待说明目前意志消沉。

10 “我想确立自我同一性”
——迷恋新兴宗教的年轻人在内心呼喊

关键词：**自我同一性**

美国的精神分析专家艾里克森说过：“青春期的心理课题是‘自我同一性’的形成和确立。”

“自我同一性”是一种内心感受，这种感受是指与自己生活在同一地域和社会环境里的人们在社会层面和精神层面上产生连带感。人们通常在年轻时有强烈追求“自我同一性”的倾向，但这个过程会充满苦恼和挫折。

追求“自我同一性”的做法虽然值得肯定，但也有负面影响。很多时候，有些人会因为别人的缘故，人生被带往一个意想不到的方向。比如，每年迷恋新兴宗教的年轻人持续增加，有关新兴宗教的事件接连不断，信徒的年轻化和高学历化也是目前备受人们关注的问题。

宗教信仰是个人的自由，信奉宗教、听从教主的教诲，也确实可以一下子消除年轻人因与周围人关系紧张所产生的痛苦与烦恼。然而，是应该把信仰作为“精神发展过程中的选择”，还是应该因迷恋宗教而丧失自我呢？

日本的社会现实无法给予年轻人坚定的生活目标，也无法让他们顺利地进行自我思考，做出自我决断。因被所信奉的宗教影响，改变自己的人生态度，从而丧失主见的年轻人越来越多。这其中还有许多值得思考的问题。

11 彻底被他人掌控的人层出不穷

——巧用社会心理学的“心理操控术”

关键词：**心理操控术**

由于某些宗教引发的社会事件影响巨大，“心理操控术”一词开始普及。“心理操控术”是指运用社会心理学技巧，在本人尚未察觉时控制其思维和行动。具体的方法有限制人的睡眠和饮食、让人听特殊的音乐等，以使其长期处于疲劳状态，从而使其思考能力下降，消除其反抗心理。

最应该注意的，也是最恐怖的事实是：只要按照一定的顺序操作，任何人都会被他人控制思维和行动。解除“心理操控术”时，同样需要按照特殊的顺序。即使这样，也有可能留下后遗症。

在这里，我们将一些违法宗教团体实际使用的“心理操控术”的主要操控顺序总结归纳如下。大众了解了这些手段，或许可以避免最糟糕的结果出现。

①消除被控制人的疑问；

②让被控制人对提问产生罪恶感；

③断绝被控制人与家人、朋友和学校的联系；

④通过与被控制人一起生活，控制其健康状态；

⑤让被控制人认为有欲望和主张是罪恶的，磨灭其个性；

⑥让被控制人认为电视等媒体报道的信息是错误的，掌控其信息来源；

⑦增强被控制人对团体的依赖感；

⑧破坏团体内的规定的人要受处罚，遵守的人则会被表扬；

⑨使用组织内特有的用语，增强被控制人作为组织内一员的意识；

⑩控制被控制人的行动和自由时间；

⑪控制被控制人的爱情和性活动。

12 我为什么无法控制我自己

——3种嗜癖是导致“依赖综合征”的源头

关键词：嗜癖　依赖综合征

每个人都有自己无法控制的习惯。心理学上，将这种无法控制的习惯称为“嗜癖”。典型的嗜癖有以下3种类型：

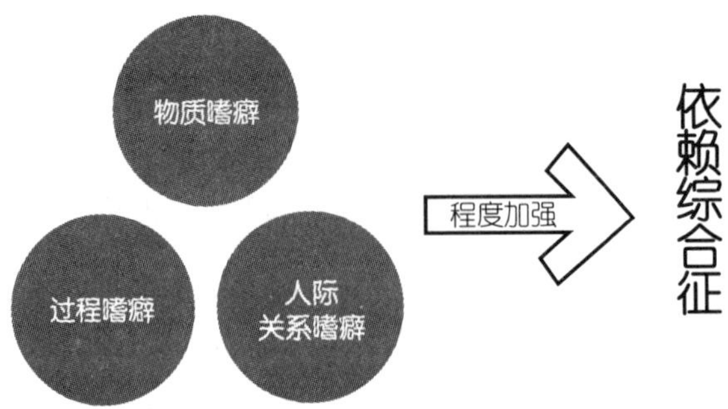

①**物质嗜癖**。对烟酒、药物等物品依赖成瘾（从对食物依赖的意义上来说，厌食症也是一种物质嗜癖）。

②**过程嗜癖**。有这种嗜癖的人爱好赌博，喜欢欠债、浪费，对手机、网络等依赖成瘾。

③**人际关系嗜癖**。对恋人、伴侣、孩子等人有强烈的依赖性。也包括对性、电话俱乐部上瘾，喜欢虐待和暴力。

如果这些仅仅只是嗜好的话，还不算什么，但如果程度进一步加深，将发展成危害他人的依赖综合征。更可怕的是，即便患有依赖综合征的人本身有强烈的挣脱意识，也依旧无法战胜与之相比更为强烈的依赖欲望。如果强迫自己放弃的话，将会导致一系列应激反应的出现，使依赖症状进一步加深。

随着时代的发展，困扰人们的嗜癖种类还在不断增多。

13 摸嘴唇显示内心紧张

——触摸自己身体的习惯泄露你的深层心理

关键词：**自我亲密性**

就像小孩摔倒了会哭着喊“妈妈”一样，不懂电脑操作的妈妈也会在遇到电脑问题时反过来对孩子说“叫你爸爸过来！”可见，当我们感到不安、孤独或受到打击时，会通过向身边人求助、和宠物或者玩偶玩耍等行为来消除内心的孤独和不安。心理学上将这种行为（寻求与可依靠的对方接触的行为）称为“自我亲密性”。

当他人、宠物或玩偶都不在身边时，人会通过触摸自己的身体，比如，摸头发、咬嘴角或指甲、抱胳膊等方式获得暂时的亲密性。也就是说，有触摸自己身体的习惯的人，是孤独但又可爱的人。

触摸不同的身体部位，表达的含义是不同的，具体举例如下：

◎头发、脸颊和头

犯了错误时，无意识地触碰这些部位是表示希望对方不要责备自己，而是亲切地给予宽慰。相反，揪头发、打脑袋则是表示希望对方狠狠地批评自己。

◎抱胳膊

如果胳膊交叉抱在胸前，是为了保护自己免受他人伤害；如果抱胳膊的方式更像是在拥抱自己，则是在缓解紧张情绪，并给自己更多鼓励。

◎摸嘴唇

人通过触摸嘴唇可以获得安全感。因此，当人做出用手指触摸嘴唇的动作时，表明他心中有很强的紧张感和不安感。有这种习惯的人是感情细腻、胆小谨慎的人。

14 暖色调物品可以让你保持热情高涨

关键词：色彩属性对情绪的影响

看到晴朗的蓝天，心情会变得舒畅；若天空阴沉沉的，内心则会感到压抑；看到雪景，内心会感觉宁静。

这种心情的变化就是情绪。总的来说，人的情绪很大程度上会受不同视觉颜色的影响。所以，在选择衣服或随身物品等很容易被别人看到的东西时，首先应该考虑它们的颜色，并知道这种颜色会给对方的情绪以什么样的影响。

那么，通过颜色来摸索对方心理时，应注意哪些事情呢？

《生活的心理学》（西川好夫著　日本放送出版协会）一书对色彩属性和对情绪的影响做了如下总结（如表3-1）：

表3-1　色彩对情绪的影响

色彩属性	色彩程度	色彩对情绪的影响
色调	暖色	温暖的、兴奋的、热情的、活跃的
	中间色	平静的、安定的
	冷色	冷淡的、沉静的、理性的、克制的
明亮度	高	轻快的、清爽的
	中	稳重的
	低	沉闷的、忧郁的
饱和度	高	活跃的、紧张的
	中	稳重的
	低	质朴的、舒畅的

由于人的情绪很容易受颜色的影响，所以了解这些规律是有好处的。但人们在日常生活中却又很容易忽视这一点。

将房间墙壁的颜色、窗帘的颜色以及可视范围内装饰品的颜色换成可以表达自己想要的情绪效果的颜色吧。我们应该重新认识到，仅凭这点改变，每天的心情会变得更加开朗，不少现代人患有的精神疾病也应该能得到一定的缓解。

15 想要保持好心情就必须让噪音远离你

关键词：声音和心理的关系

音乐的历史和人类的历史同样悠久。可以说，有人的地方就有音乐。虽然音乐可以给人的内心带来充实、温暖甚至是热情，但若让人一天到晚不停地听，那就不再是悦耳的声音了。

例如，前段时间某公寓内住满了音乐大学的女学生，因此公寓里时常传出钢琴声和歌声。单个听的话，钢琴声和女高音的歌声能让人觉得心情舒畅，但当数十人同时弹钢琴或者同时唱歌时，这些声音就变成噪音了。这些声音让住在公寓附近的人感觉焦躁不安、没法集中精力做事，甚至因此向这些女学生提出了索赔要求。

说到噪音，人通常想到的是嘈杂无序的声音，但事实上，不管是什么样的声音，只要在一定条件下听着让人觉得不舒服、不满意就可以归为噪音。从这个角度来说，日常生活中出现的所有声音都有可能是噪音。那么，什么样的声音、音量多大的声音会让人觉得不舒服呢？《生活的心理学》（西川好夫著　日本放送出版协会）一书中说“生活里的声音中，超过40分贝的会让人感觉不舒服，比如晚上住宅区里的声音。60分贝以上的声音会降低人的工作效率，使人很难听清楚对方的话，比如说话声、跳水声和吸尘器发出的声音。85分贝以上的声音甚至会导致一些人听力下降，比如地铁车厢内的声音、直升飞机起飞的声音，等等”。

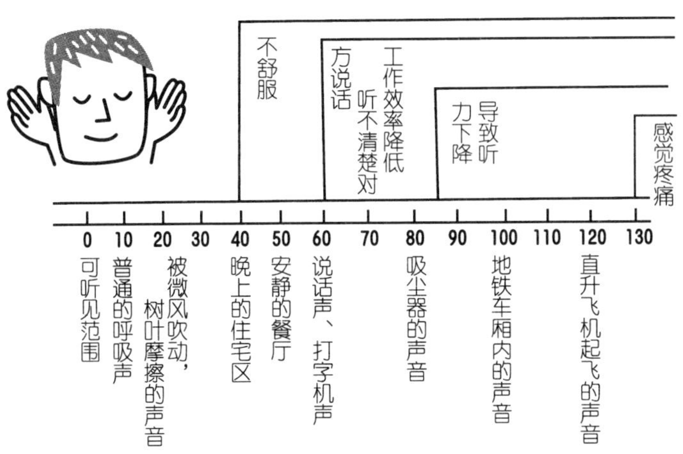

☆心理学专栏☆

心理学大师弗洛伊德在和精神病搏斗的同时，开创了“精神分析学”。

说到心理学大师，就不得不说到弗洛伊德，他因开创了“精神分析学”而闻名于世。弗洛伊德的理论很大部分来自他对自我的分析。那就让我们来回顾一下他的一生吧。

弗洛伊德的出生地在现在的捷克共和国。他的父母是犹太人，育有8个子女，弗洛伊德是他们的长子。弗洛伊德3岁时曾在德国的莱比锡短暂生活过，之后移居维也纳，并在那里度过了他的大半生。

弗洛伊德小时候曾因火车内亮起的煤油灯联想到“人的灵魂”，

因为极度恐惧而患上了精神病。此外，他还会对火车以及发车时间异常敏感。据说这个情况持续了很多年。

弗洛伊德在和疾病做斗争的过程中，逐渐建立了心理学的“精神分析学”体系。1895年，弗洛伊德与他人合作发表了《歇斯底里研究》。在书中，他认为，精神疾病的出现与病人遗忘的往事有关，通过回想可以消除精神病的症状。这本书被认为是精神分析学的开端。

1900年，他发表名著《梦的解析》。在书中他指出，人们若想探究过去曾经经历过的事情，性是关键。他认为，人们普遍都受过带有性意味的伤害。并将其作为自我发展的中心概念提出来，命名为“恋母情结”。

弗洛伊德将心理活动分为潜意识（自己无法想起来的事情）、前意识（在努力下可以想起来的事情）和意识三种。因为伤害经历对自己来说是不堪回忆的，所以被压制在潜意识内。作为一种将人从束缚中解放出来的方法，精神分析学的研究也在不断地深入。

心理测试

Q1. 你最近梦到过什么人？

A.身材高大的人　　B.穿白色衣服的医生

C.拥有美丽笑容的偶像　　D.刚出生的婴儿

Q2. 你最近梦到过什么东西？

A.照相机　　B.经常穿着的鞋子

C.钱（纸币或硬币）　　D.被风吹起的窗帘

Q3. 你最近所做的梦中，梦境发生的地点是在哪里？

A.非常陡的山坡上　　B.试图攀登的山面前

C.波光粼粼的海面上　　D.从公交车的窗内看到的车站

Q4.在梦里，你做了什么？

A.从高处跳下　　B.和朋友或恋人吵架

C.随着音乐跳舞　　D.突然被某人殴打

答案

Q1.选择A和D的人运气会转好

选择A的人，最近会有令你快乐的事发生，梦见相扑选手那样体形庞大的人，也同样有好事发生；梦见B医生的人，最近也许会变得很忙，需要多多注意身体；梦见C偶像的人，也许在期待得到某些东西，但最终期待会落空；梦见D婴儿的人，现在应该尝试挑战一些新事物，而且会有好的结果。

Q2.选择B的人是爱情顺利的人

梦到A相机的人，即将邂逅生命中重要的人，若已经有对象，和对象的关系将会进一步加深。梦到B鞋子的人，爱情会很顺利地结出果实，若梦到的是凉鞋，则表示梦者在期待一夜情。梦到C钱的人，若是捡到了钱，则表示渴望获得爱情；若是用钱救济了他人，则表示将会收获爱情或得到一大笔钱。梦到D窗帘的人渴望拥有爱情。

Q3.选择A和B的人处于奋勇向前中，选择C的人在寻求改变

梦到A山坡的人，说明在朝着目标努力前进，若是梦到下山坡的话，说明梦者目前生活很充实。梦见B山的人，虽然在工作上花了大量时间，但不久就能取得成果。梦见C大海的人在寻求某种改变，应该重新考虑与周围人的交往方式。选D的人如果是每隔一段距离就看到车站的话，说明做梦者生活得很健康。

Q4. 回答C和D的人将有好运了

梦到A从高处跳下的人，说明有心事；若梦到别人跳，表明心中希望那人从自己面前消失。梦到B吵架的人，说明最近积累了很多经验，正在不断成长。梦到C跳舞和D被殴打的人，最近在恋爱方面会交好运，好好期待吧。

第四章

可怕的家庭心理学

——连接家庭成员的纽带以及导致家庭关系破裂的关键

01 不被崇拜的父母是不及格的

——做让孩子信任和尊敬的父母

关键词：**同等看待**

目前，有关孩子养育和教育的问题日益增多，亲子关系变得越来越复杂。尽管如此，不管在哪个时代，父母首先应该做的是成为孩子们的好榜样，使他们将来成长为优秀的大人，实现自己的期望。

那么，你目前的情况怎么样呢？是否成为了孩子的好榜样？

有种方法可以检查自己是否成了好榜样，那就是问自己的孩子“将来，你想成为什么样的人？”如果孩子回答“希望成为像爸爸一样的人！”“希望像妈妈一样！”那你就是一个最棒、最合格的家长。

这种想使自己不断接近理想中的人，尽可能地和他相似，甚至变得和他一模一样的心理在心理学上被称为“同等看待”。对于孩子来说，能被当做同等看待对象的大人才是最值得尊敬的大人。

在心理学上，尊敬者和被尊敬者之间有以下几种关系（如表4-1）：

表4-1　尊敬关系的类型及形成原因

关系类型	形成原因
报酬关系	若是遵从便可以获得报酬
强制关系	没有办法，必须服从命令
专业关系	因专业知识和技术高低形成的尊敬关系
合理关系	认为服从他是理所当然的事
遵从关系	因为想成为和他一样的人，所以听从他

其中前三种关系是公司里上下级之间常见的关系。第四种是过去亲子之间常见的关系，如今的父母应当以建立遵从关系为目标。

应当让小孩知道遵从父母不是为了得到报酬或是迫于无奈，也不是因为听从父母的话是理所当然的，而是因为想成为和父母一样的人。只有这样，父母才能获得孩子的信任，抓住孩子的心。

不辜负孩子的信任和尊敬，完成父母的职责和使命是一个很艰难的过程。

02 父母毫无理由地制止孩子的行为是没有用的

——父母应当学会的责备技巧

关键词：**责备技巧**

现代社会中，越来越多的父母不知道如何责备孩子。即使生气，也会因不知道怎么去批评、责备孩子，而无法达到好的教育效果。然而，教育孩子什么是对什么是错是父母最大、最重要的职责。所以，父母应当掌握有效的责备技巧，并在生活中努力实践。

在心理学上，有效的责备技巧必须含有以下5个要点：

①批评时的语气不要严厉，应当温和委婉；

②把握好批评的时机；

③把握好处罚的时机；

④批评时，应当场说明理由；

⑤批评理由要有条理。

很多父母都会在批评孩子的过程中情不自禁地大声斥责孩子，但大声且频繁地责备孩子会适得其反。当孩子习惯了被责备，那就不会有多少效果了。如果想让他好好地反省自己，就应当心平气和地和他说话。责备的时机也需要好好把握，如果在问题出现后马上批评孩子，确实会取得不错的效果，但有时为了解全部情况，稍后再批评也是可以的。说明批评理由是非常重要的。如果不让小孩知道批评他的原因，那批评就没有意义了。在责备孩子时，不能使用“不管怎么说……”“说不可以就不可以”等句式。没有理由地强行制止无法使孩子信服，结果他还是会重复同样的错误。

03 没有“莱纳斯安全毯”的孩子是不正常的

关键词：移情对象

大部分人都会对棉毯、枕头和毛绒玩具等东西产生一种只要没它就不成的依赖感，这就是大家所熟知的“莱纳斯安全毯”现象。心理学上将这种被小孩依赖和喜爱的物体称为“移情对象”。

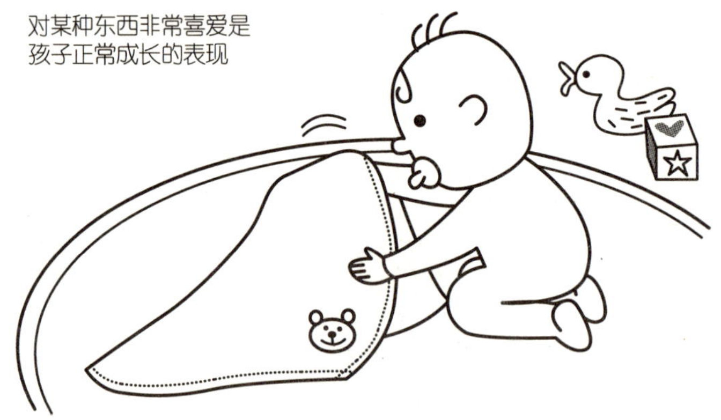

移情对象的作用是帮助孩子摆脱和母亲的共生关系，以便与其他对象建立更为广泛的关系。当母亲不在身边，孩子在碰到不知道该如何是好的情况时，移情对象能代替母亲给予孩子抚慰和鼓励。移情对象不一定是物品，也可以是音乐、影像等其他触摸不到的东西。只要是能帮助孩子独立成长的东西都可以作为移情对象。

也就是说，小孩在成长过程中特别喜爱某种东西是正常的。反之，不喜爱任何东西的小孩是极少数的，也是不正常的。有研究结果表明，幼年时期没有移情对象的人，长大后很容易有精神上的某些缺陷。

另外，美国心理学家保罗·艾克曼（Paul Ekman）认为，“移情对象不仅只在人们的幼年时期扮演母亲代理人的角色，它还会不断改变形式，出现在人的整个生命过程中”。长大以后的移情对象不仅仅只替代母亲给予抚慰，同时还有自尊心和意志代用品的作用。

04 想要就去触碰！100%的人会中招

——提出要求时的最强心理技巧

关键词：**触碰**

央求一家之主给自己买非常想要的东西时，为了如愿以偿，必须学会触碰的技巧。那就是，在说话的同时触碰对方的胳膊或肩膀等身体部位。因为有求于别人时，一边触碰对方的身体一边央求对方，成功的概率更高。

美国某个心理学研究小组进行过这样的实验：他们让参与实验者分别在与对方进行眼神交流、与对方保持90厘米的距离、与对方保持45厘米的距离这三种情况下请求对方。实验结果表明，沟通最为顺利的是第三种，成功率为96%，第二种情况的成功率是63%。此外，与对方进行眼神交流的成功率比不进行眼神交流的高出14%。所以说，有求于他人时，尽量靠近对方，触碰对方的身体，同时进行眼神交流的做法是最有希望成功的。

虽说这一方法成功率很高，但向不相识的人提出靠近或触碰的要求还是有些困难的，尤其是男性对女性做出这种举动时，女性甚至有可能发出尖叫或者扇对方一耳光。所以，使用这个技巧时应当慎重把握好对象和时机。

换句话说，可以使用这种技巧的对象只能是家人或关系亲密的人。除了孩子请求家人买这买那的时候可以用触碰技巧以外，父母也可以在平时与孩子的交谈中、告诉孩子重要事情时或者责备孩子时恰当地加以运用。这样做不仅可以使彼此沟通更顺畅，还能加深家人或亲密的人之间的关系。所以，为了家人关系的圆满，请记得尝试使用这种心理技巧。

05 直呼姓名和随声附和能让冰冷的心解冻

——迅速增强好感度的两种方法

关键词：**直呼姓名　随声附和**

现在，“谈话时，请务必称呼对方姓名”的心理技巧已经成为销售人员必备的基本技巧了。

“某某先生，好久不见”、“某某先生，现在您有时间吗？”在谈话开始时称呼对方姓名会使对方觉得“他认识我”，从而带着对说话者的好感更热心地倾听说话者的话。

即使是面对初次见面的人，在交换名片后也要先称呼对方姓名进行确认，再进行谈话。在下次见面之前，一定要记清楚对方的长相和名字。无法做到这一点的销售人员是缺乏专业素养的。

直呼姓名会带来很好的心理效果。比如，引起对方对说话者的兴趣，增强对说话者的信任感和亲近感，从而加深彼此之间的关系。

因此，直呼对方姓名的方法首先应当在家人之间尝试使用。不能因为亲密，就直接用“你”来称呼对方，而省略姓名。即使是夫妻之间，也应当尽量称呼对方名字。

此外，如果最近家人之间的交流有所减少，那么就应当考虑听他人说话时的姿势是否正确。听对方说话时，为鼓励对方继续说下去，你会有多少次对他说的话随声附和呢？有没有点头示意自己在听呢？如果你很少对对方说的话做出反应，对方对你的好感度就会下降，甚至有可能产生“这个人不怎么想听我说话啊”的想法。

只要增加点头和随声附和的次数，再普通的谈话都会显得很有趣。也许在这方面你做得还不够，那么，就让我们从今天开始增加点头和随声附和的次数吧！

06 为什么现在的孩子个个都是座“火山”

——幼年时期没有能培养出来的挫折耐性让孩子极富攻击性

关键词：**挫折耐性**

近几年来，日本的校园暴力事件与日俱增。究其原因，是孩子们的性格变得焦躁易怒了。

人原本就有积攒各种不平和不满的机能，也就是所谓的容忍限度，心理学上称之为“挫折耐性”。挫折耐性良好的人在感到焦躁时，不会马上表现出来，而是先忍耐，随后用适当的方法消除自己的焦躁情绪。然而，由于现代初高中生的挫折耐性没有发展成熟，所以他们很容易发怒。

挫折耐性原本是通过与兄弟姐妹、近邻朋友之间的互动（事后不留纠纷的矛盾）养成的。但是，随着小家庭的增多和近邻关系的疏远，孩子们无法获得锻炼挫折耐性的机会。此外，为了避免纠纷，刻意与他人保持距离的社会倾向也越来越普遍，这导致孩子们普遍缺乏社交技巧（走入社会与人交往的技巧）。在这些原因的共同作用下，要使年轻人的犯罪数量呈下降趋势，也许还需要很长一段时间。

要提高孩子们的挫折耐性，最重要的是父母要和孩子好好沟通，教会他们学会容忍以及如何正确发泄。比如，父母不能因为孩子们争着要同一件东西就给双方都买，而应当让他们学会一起使用，分享快乐；当孩子们发生争吵时，大人不能插嘴。孩子们通过争吵，会增强挫折耐性。让孩子多交朋友，但不能强迫孩子和某某孩子做好朋友。为了让孩子更容易吐露心中的不平和不满，父母在平时要多和孩子谈话。

07 正因为如此才被孩子看不起

——家庭内的大人地位由就餐的座位决定

关键词：斯汀泽现象

让人觉得意外的是，对于因为被自己的孩子看不起而烦恼的父母来说，造成这一结果的原因之一竟然是餐桌上的座位安排。事实上，餐桌的形状与座位的安排都会影响孩子对大人的看法。

为了家庭和睦美满，餐桌最好使用圆桌。因为圆桌没有上座的说法，让人觉得平等，彼此能轻松地谈话。

在日本，家庭中使用的餐桌大都是方形的，且不同的位置有不同的含义，如下图所示，①③⑤被认为是领导的座位。离门口越远的位置，优越感越强，一般是父母坐的位置。另外，③一般被认为是重视人际关系的人以及领导助理的座位。

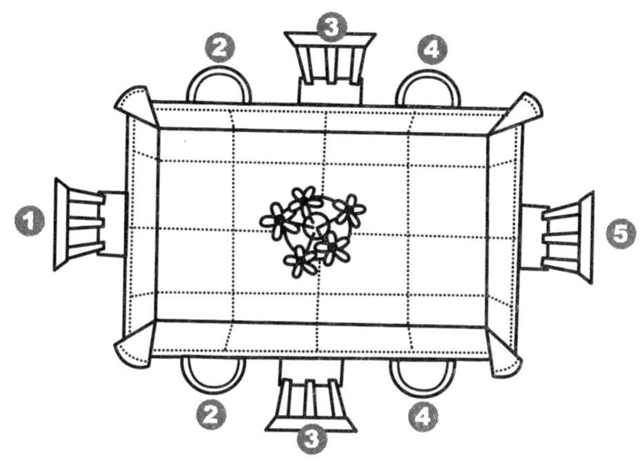

美国心理学家斯汀泽通过研究，发现了奇妙的会议3原则：

①有竞争关系的两个人往往坐在彼此的对面。

②当一段发言结束后，紧跟着发表的多半是反对意见。

③会议主持人的影响力过大时，与会者爱与相邻座位的人闲聊；主持人影响力过小时，与会者常和对面的人闲聊。

记住这3原则，重新考虑家庭餐桌上父母和孩子的位置吧。另外，如果安排父亲坐在可以获得威严感的位置上，还可能增强家人之间的团结。希望读者们能察觉到孩子的这种心理，从而过上愉快的家庭生活。

08 有心计的妈妈会获得大满足

——午餐技巧使谈话如愿以偿

关键词：**午餐技巧**

有研究发现，比起其他情境，餐桌上的谈话气氛更融洽。比如，商业谈判就经常在餐桌上进行。这种通过吃喝来增强彼此好感的谈话方法被称为“午餐技巧”。

午餐技巧之所以有效，主要原因有以下3点：

①美味的食物会使人心情愉快；

②人在吃饭时内心是放松的；

③人通常都有不愿破坏吃饭气氛的心理。

也就是说，与心情糟糕时相比，当人的内心放松时，更容易发表自己的意见和听取对方的意见。当双方意见出现分歧时，只要想到如果气氛破坏了，饭菜就不好吃了，人们便会自觉控制自己的不良情绪。此外，因为口中有食物而无法立刻开口说话，所以有时间考虑如何回复对方的意见，把握好再次提问的时机，从而掌握谈话的主导权。

午餐技巧也可以用在家人身上，来增强彼此之间的联系和解决家庭成员之间的问题。

如今，父母和子女在一起吃饭的机会越来越少。如果无法保证每天都在一起进餐，一周安排几次也是可以的。一起吃饭的父母子女和基本上不在一起吃饭的父母子女之间的信任度是有很大差别的。在孩子高中毕业之前，不允许他（她）随意在别的时段吃饭或在外面吃饭，而要求他（她）和家人一起吃饭，也是完全可行的。

在和孩子谈论他们的未来或是有什么问题需要沟通时，与其刻意安排时间，不如在一起吃饭时提起。这样会降低谈话向不好的方向发展的可能性。

09 不要对自己说谎

——让孩子养成将计划写下来的习惯

关键词：公开承诺

为了让孩子遵守约定，如期实现设定的目标，什么样的方法才有效呢？

那就是记笔记。因为文字可以提高记录者对所记内容的责任感和执行力。几年前最受欢迎的“记录式减肥法”就是个很好的例子。

心理实验也表明，形成文字的想法更不容易被改变，文字还能增强记忆力，防止由于记忆错误而出现的失误。这种心理现象被称为“公开承诺”。

不少父母期望孩子有“公开承诺”的勇气，但一回想自己的学生时代，又会对孩子是否能履行承诺感到心里没底。

这是因为大部分人都有考试前用心制订了学习计划结果却没能实施、将目标写下来贴在墙上结果却半途而废的经历。但是，如果因此便认为“我家孩子也不行啊”，是对孩子的一种不信任。写下来了却没有实施，不是因为孩子没有责任感，而是因为他忘记了曾经写下来的内容。

忘了的话多写几次就好了。只要不忘记所写的内容，就一定会有效果的。

10 为什么他（她）不爱我了

——为了确保不失去重要的人必须进行“心理报酬”交换

关键词：**心理报酬**

即便彼此建立了信赖关系，人的心情也不可能永远不变。即使是因戏剧般的邂逅而成为彼此挚爱的夫妻，也不乏突然离婚的。这是因为人是需要心理报酬的。

人在潜意识里是要求交换的，当那些满足自己交换条件的人出现时，就会被他（她）深深吸引。心理学上将这种交换称为“心理报酬”，它主要包括爱情、服务、物品、金钱、信息和地位。当心理报酬完全消失时，爱情和信任关系迟早会破灭。

但是，并不是说只要以上6种报酬中的1种存在，人和人之间的信任关系就不会出现问题。每个人所需要的心理报酬是不同的。因此，如果想使彼此的关系得以长期维持，就必须弄懂对方想要什么，并不断满足他（她）。比如，如果对方想要爱情和服务，那金钱和地位上的报酬就是没有意义的；如果对方只是希望你能分担家务，那么即便你把他提升为部长，这种地位上的报酬也只能换来令人叹息的结果。

如上所述，当两个人得不到彼此期望的心理报酬，而持续着“一味付出”的状态时，彼此的关系就会变得疏远。那么，为了避免这种情况的发生，应该怎么做呢？

要弄懂对方所期望的心理报酬，只能通过相互交流获得启发。另外，因为无法确定彼此期望的心理报酬会持续不变，所以双方需要经常沟通和确认。

“认为对方是自己人所以没问题”的想法很有可能是致命的。为了不失去现在所拥有的幸福，在沟通上花点功夫和时间也是值得的。

11 把自己的“伤痕”展示给别人

——说出内心的秘密可以和对方建立不可动摇的关系

关键词：自我的相互公开

有一种平时不多说闲话、只是埋头默默工作的冷静男。他们在工作上虽然不会出现失误，但基本上没有人能了解他们的内心。若是向这种类似“戈尔戈13（日本漫画人物）”的人倾诉烦恼，比如对他说“其实，最近我被她给甩了……”他会有什么反应呢？

肯定会有不少人想“连这种事都跟我说啊”，从而对你产生很强烈的亲近感。多数人会开始考虑“那我是不是也应该说点自己的事情呢？”之后便开始一点点说出关于自己的事情。

这样一来，通过先向对方谈论自己的事情，即“自我公开”表达对对方的信任之情，从而使对方也能进行“自我公开”，结果就变成了“自我的相互公开”。

为了验证“自我公开”能导致“自我的相互公开”，美国心理学家曾经在波士顿机场做过这样一个实验。他们以笔迹调查的名义让实验参与者看到了以下3段文字，并在纸上写下关于自己的事情：

①我现在正在为笔迹调查搜集样本；

②我虽然有亲人和朋友，但还是感觉有些孤独；

③我虽然有一定的适应能力，但还是有性方面的烦恼。

结果表明，文字内容的自我公开度（以③、②、①排序）越高，实验参与者写下的关于自己的内容越多。也就是说，当人们看到对方坦诚公开自己的话语时，也能够很坦然地公开个人的事情。

所以，当你想和处在青春期的孩子进行沟通时，坦率地说出自己当年的经历是最好的办法。当孩子发现“原来爸爸妈妈也是这样的啊”，就会老老实实地说出自己的烦恼和担心。在父母感叹“真拿这个年龄段的孩子没办法”之前，还是有必要尝试一下这个方法的。

12 人是需要被肯定的动物

——给予对方肯定的回应可以获得对方的信任

关键词：社会认可需求　非指导性治疗

人要保持稳定的精神状态，就必须时刻感受到“别人是需要自己的”、“自己在好好努力”。也就是说“自我肯定”要得到满足。人只有在被他人重视后才能肯定自我。这种受人重视的心理需要，在心理学上称为“社会认可需求”。

对于因社会认可需求和自我存在感未得到满足而精神失衡的人，医生和生活指导员所采取的治疗方法是听他说话并同意其所说的内容，这种治疗方法被称为“非指导性治疗”。

在接受这种治疗方法辅导后，大部分的人心情会变得愉悦。也就是说，对内心有烦恼的人，绝不要对他做出这样或那样的指示，而应当认真倾听他的话，并不停地回应说“有道理，有道理”，或“嗯嗯”地点头表示同意。接受辅导的人看到对方对自己所说的话连连点头称是，就会从中获得肯定的评价，心中的不安得以减轻，从而重新获取自信。尤其是处在青春期和青年期的人，对社会认可需求和自我肯定的要求显得更为迫切。倘若想倾听这些孩子的烦恼并帮助他们，就应当采用非指导性治疗方法。像家人那样听他说话，并及时表示赞同和理解。这样一来，便能获取他们的信任，加深彼此之间的关系。

听小孩诉说苦恼时，记得多点头

13 不能信任孩子，就不要为人父母
——父母应该学会使用皮格马利翁效应

关键词：**皮格马利翁效应**

人是这样的一种动物：不管发生什么事，如果始终有人相信自己，便能继续努力奋斗。谁都有“不辜负他人期望”的心理，在心理学上，这种现象被称为“皮格马利翁效应”。它源自一则希腊神话。

非常擅长雕刻的皮格马利翁完成了一座无与伦比的女性雕像。在雕刻过程中，他被雕像所表现出来的美丽感动了，因此爱上了她。由于太爱她了，他极度渴望这尊雕像能够变成真人。终于，女神被他的执著所感动，赋予了雕像生命。皮格马利翁于是和自己创作出来的雕像结了婚，实现了自己的梦想。

事实上，有很多父母相信皮格马利翁效应，因此对孩子寄予期望。然而，父母若是一味地寄予期望，只会使得这种期望成为孩子的负担，阻碍孩子的进步。

为了最大限度地发挥皮格马利翁效应，不让孩子感觉有负担，让他自由发展，父母就不能忘记“表扬”这一法宝。

当年幼的孩子一个人整理好了东西，自己穿上了睡衣，又把饭都吃光了的时候，父母就应当表扬他。即使他做得不是很完美，或者仅仅只完成了一部分，如果能适时给予表扬，比如说“只要做就能做到，这次做得很不错啊”、“下次一定会做得更好的”，等等，孩子的内心就会

产生“努力不辜负期望”的动力。

大部分人被表扬后会变得更加优秀。不刻意寄予期望并始终相信孩子，是最理想的育儿方法。如果无法始终相信孩子，是无法在他身上看到奇迹的。

14 一句话就可能让孩子患上“朝气缺乏症”

——孩子需要多鼓励，少批评

关键词：人为制造的朝气缺乏症

过去说到问题儿童的恶行，人们就会想到不遵守校规、随意反抗老师和破坏公共财物等具有攻击性的行为。如今，缺乏朝气却成了问题儿童的典型特征。所谓缺乏朝气是指孩子对任何事情都没有兴趣。因在生活中经历了痛苦的事情，从而慢慢失去朝气的现象，被称为“人为制造的朝气缺乏症”。

一般情况下，孩子们在上学之前是不会缺乏朝气的。他们往往是因为朋友、老师、父母或是周围大人的不恰当的话语和态度才变成缺乏朝气的人的。例如，当他们满腔热情地努力练习喜欢的体育项目时，朋友会说“你难道不热吗？傻不傻啊”，老师会说“学习也很重要啊”，父母会说“玩耍要适可而止，要好好学习”，等等。

以上不管哪句话都有足够的杀伤力，如果谁都不说“找到自己热衷的东西了啊，真好。好好加油吧”等给予孩子肯定的话，后果将会怎样呢？孩子会想“自己的努力是不是错了呢？”内心会变得不安，甚至有可能出现精神创伤。而那些伤人的话大都是周围人不经意说出口的。

此外，还有许多其他的原因会导致孩子们患上缺乏朝气症。例如，课堂上回答问题不正确时被全班同学取笑、成绩一旦下降就被判定为落后生，等等。

为解决这个问题，周围人给予孩子诚恳的鼓励是很重要的。要让他知道许多事情只有在学生时代才能做，让他了解努力做只有现在能做的事情的重要性是很关键的。

为了在家庭、学校和社会中不出现人为制造的朝气缺乏症，尽量支持他人是有必要的。

15 如果一味高压，孩子的学习精神会被扼杀

——父母必须知道的学习“高原期”

关键词：学习曲线　高原期

当学习和热衷的体育项目进行得都很顺利的时候，很多人都会得意洋洋，觉得自己就是天才，可一旦进展不顺，人们便开始丧失自信。

众所周知，不管做什么事，不懈的努力和反复的练习都是成功的关键。尽管我们做好了不惜一切努力的准备，但事实上，并不是只要练习就能不断取得进步的。人就是这样一种动物：不管年纪多大，当遇到困难时，便会认为“这也许就是自己的极限了”，从而陷入绝望和不安当中。

为了减少不必要的精神消耗，有几个心理学常识是应当了解的。

在发展心理学上，练习次数与所取得的成绩之间的关系如果

用图表表示出来，就被称为“学习曲线”（如图4-1）。在曲线图中，横坐标轴表示练习次数，纵坐标轴表示成绩上升幅度，曲线则表示学习成果。

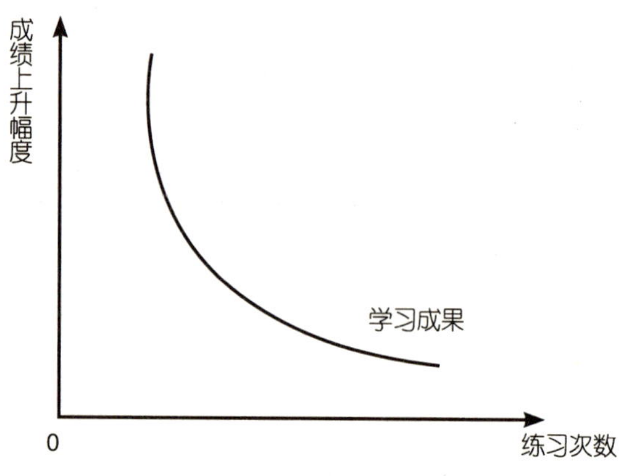

图4-1　学习曲线

从上图我们可以看出，一般来说，初期的学习效果较好，而随着练习次数的增加，进步幅度则呈下降的趋势。也就是说，类似赌博新手的好运气在学习过程中也是存在的。因此，不要总是期待初期所获得的进步能一直持续下去。

另外，当成长到一定程度后，进步会进入暂时停滞状态，这一状态被称为学习的“高原期”。尽管通过持续不断的努力是可以脱离“高原期”的，但因为每个人的能力不同，所以也不要为了尽快摆脱“高原期”做过度的练习。

如果知道学习过程中会出现“高原期”，焦躁和失落感便能减轻。在了解“高原期”之后，专心支持正在加油努力的孩子们吧！

☆心理学专栏☆

父母对孩子实施身体虐待、营养虐待、性虐待、感情虐待等的心理是怎样的?

根据日本内阁发表的《2004年青少年白皮书》可以获知，日本有关虐待儿童的案件从1998年开始逐年增加，1999年的数量是1998年的2倍，2000年的数量更是达到1998年的3倍。

亲生父母对孩子实施的虐待包括暴力损害身体的“身体虐待”、不给饭吃的“营养虐待”、强制要求性行为的“性虐待”以及长时间将孩子关在黑暗、狭小的空间内的“感情（心理）虐待”等等。

父母为什么要虐待孩子呢？以往的分析证明，主要原因在于父母的人格尚未成熟。

令人惊讶的是，在虐待孩子的父母中有50%的人幼年时期也曾经遭受过虐待。他们一般都记得自己在小时候受过父母的虐待，由于遭受过这种痛苦，于是在有了自己的孩子后，便下定决心要好好培养孩子。然而，由于这种心情过于迫切，当孩子做的事与自己的理想相违背时，父母就会感到格外焦躁和愤怒，心想“你为什么不听话？”“怎么就做不好呢？”进而采取暴力行为。实施暴力时，父母是没有虐待意识的，但之后又会后悔莫及。

从20世纪90年代后半期开始，每年有超过2.3万件有关父母虐待孩子的咨询案例。这还只是冰山一角，实际数量无从得知。在日本，父母虐待孩子的行为多数是在孩子生病上医院时才会被发现，且情况多是母亲虐待孩子，而父亲却完全不知。孩子因无法和别人商量，又不能责备自己的母亲，只能老老实实地等待他人的帮助。

心理测试

Q1. 正闲暇的时候，发现桌子上有彩色铅笔和白纸。如果用这些东西画画，你会画什么呢？

A.野生动物　　B.一群小朋友

C.海、山、河流等风景　　D.自己微笑时的笑脸

Q2. 看到免费品尝食品的公告，肚子正饿的你决定去参加。最开始吃的是什么呢？

A.圆圆的肉丸子　　B.三角形的三明治

C.四方形的饼干　　D.星形的糖果

Q3. 你在聚精会神地盯着眼前的汪洋大海。那么，你看到的海是什么样子的呢？

A.泛着微波的清澈的海洋　　B.波涛起伏的昏暗的海

C.风平浪静的海　　D.漂满垃圾的海

Q4. 你决定不告诉朋友，独自一个人去寻宝。下面选项中，你最想利用的交通工具是什么？

A.救护车　　B.摩托车

C.飞机　　D.船

答　案

Q1. 你喜欢怎样度过假期？

闲暇的时间代表假期，从你想画的东西可以看出你度假的方式。选

择A动物的人，害怕孤单，喜欢和朋友一起热热闹闹地度过假期；孩子代表前方有不可预知的危险，因此选择B一群小朋友的人，假期一般都在认真学习或工作；选择C风景的人，喜欢一个人悠闲地度过假期；选择D的人，放假时喜欢做自己感兴趣的事情。

Q2. 选择D的人喜欢长得漂亮的人

从你选择的形状可以看出你所期望的结婚对象类型。选A肉丸子的人认为温柔、心胸开阔的人是最理想的结婚对象；选B三角形三明治的人在寻求充满智慧的对象；选C四方形饼干的人喜欢对人一心一意、痴情的人；星形的糖果代表漂亮，选择D的人希望和长得漂亮的人做夫妻。

Q3. 大海代表母亲，测测你的恋母情结程度有多深

大海是母亲的象征，从谈到海时所联想到的画面可以看出你的恋母情结程度。回答A的人，能很好地区分母亲的严格管教和母亲的爱，属于恋母情结较轻的类型；回答B和D的人都以被严格管教等为理由，将母亲看做是憎恶的对象；回答C的人是被母亲惯坏了的人，恋母情结最严重。

Q4. 选择B的人能够很好地平衡家庭和工作

交通工具代表家庭和工作的共存性。回答A救护车的人，有时认为家庭重要，有时认为工作重要，变数较大；回答B摩托车的人，很擅长平衡家庭和工作；回答C飞机的人，比起家庭，会将工作放在更为优先的位置，虽然这样做会导致家人不满，但事业成功的概率很高；回答D船的人认为家庭最重要，不管工作多忙，都会优先考虑家庭。

第五章
可怕的心理疾病和精神病理
——潜藏在人内心的黑暗以及与此密切相关的心理疾病

诈骗犯、纵火犯、暴徒等都有人格障碍
——现代人的10种人格障碍

关键词：施奈德人格障碍

接受单一化教育、认为“和别人一样就好”的时代已经过去。在价值观多元化、尊重个性的现代社会里，更为复杂的人际关系让人们感到巨大的压力，现代人所特有的心理疾病也在不断增多。德国精神病学家施奈德将易于导致犯罪的异常人格分成以下10种类型（如表5-1）：

表5-1　易于犯罪的异常人格类型及表现

异常人格类型	表现
意志薄弱型	容易产生厌倦感，对任何事都缺乏持久性
轻率型	活泼好动、精力充沛，但情绪激动时容易惹是生非
爆发型	容易发怒，情绪激动时有暴力倾向
自我显示型	爱出风头、爱撒谎
寡情型	缺乏同情心、怜悯心、羞耻感、悔恨感和良心
偏执型	顽固地坚持固有观念，为此不惜花费一生的时间付诸行动
情绪易变型	喜怒无常、难以捉摸。为了发泄情绪，他们通常爱喝酒甚至犯罪
缺乏自信型	胆小羞怯，自我意识较强
抑郁型	经常表现得很悲观、闷闷不乐
无力型	精神衰弱，经常会说自己的身体不舒服

在现实生活中，有不少人同时拥有多种异常人格。其中，最容易成为犯罪分子的，既不是轻率型的人也不是爆发型的人，而是意志薄弱型的人，中途退学或长期不工作的人因缺乏社会性大多属于意志薄弱型。诈骗犯中有很多人属于虚荣心极强的自我显示型，暴徒多是缺乏良心的寡情型，纵火犯和小偷多是情绪易变型，对药物容易产生依赖性的人多是无力型。倘若你周围有人格异常的人，最好建议他们去看心理医生。

02 爱看短信的人和不愿上班的人也有症候群

——人际关系冷漠是“现代症候群”诞生的原因

关键词：**症候群**

“症候群”是指在某一社会背景下，人们共同拥有的心理状态和病理现象。

过去，“彼得潘症候群”一词曾经经由媒体在社会上广泛传播。它被用来形容那些因自我尚未成熟而充满孩子气的男性。这种人最大的特点就是缺乏责任感、无法走入社会。说到这儿，你是否发现在你周围也有一两个这样的人呢？

最近几年，爱看短信的人也在剧增，他们在学校、公司、小巷、站台甚至吃饭时都要看短信。这其实也是一种症候群的表现。有这种症候群表现的人尽管并不是在等谁的短信，但还是会忍不住看自己的手机。这是因为在现代社会里，尽管人际关系淡薄，但大家仍旧希望有某人关心自己，最后就会或多或少地患上“看短信症候群”。这是一种只有不擅长处理人际关系的现代人才会得的心理疾病。

最近，“不愿上班”已经超过“不愿上学”成为人们使用频率最高的一个短语，这股消极情绪弥漫整个社会。可以说，这也是症候群的一种。

和不愿上学一样，不愿上班的人也不是想偷懒。他们的症状不是表现为“不想上班”，而是表现为“不能上班”。比如说，患者在去公司的路上，会突然感到莫名其妙的不安和腹痛，于是借此请假不去上班。倘若这种症状持续加重的话，甚至会导致患者只要坐上去公司的公交车，就会出现腹痛和过敏性大肠炎，可只要一回到家，这些症状就消失了，真让人觉得不可思议。

其实，这一症候群也是由于人际关系淡薄引起的。所以，请记住，不要独自承受工作上的烦恼，和同事或上司好好沟通吧。

03 竟然有90%的跟踪狂和被跟踪者是熟人

——令人毛骨悚然的跟踪狂们的共同性

关键词：跟踪狂行为

2000年，日本制定了《跟踪狂限制法》。根据该法，以下的行为被认为是跟踪狂行为：

①纠缠、埋伏、阻挡受害者，在受害者住所附近监视其行为，强行进入受害者住所；

②打电话不出声，持续给受害者打电话或发传真等；

③告知受害者自己的监视行为；

④给受害者寄送脏东西、动物的尸体及其他让人不舒服、厌恶的东西；

⑤要求与受害者见面、交往及要求受害者做非义务范围内的事情；

⑥传播有损受害者名誉的信息；

⑦对受害者做出极为粗鲁的行为；

⑧传播伤害、羞辱受害者的信息、图片和资料。

令人吃惊的是，90%的跟踪狂是与受害者相识的人。例如曾经的恋人、前妻或是前夫，以及那些对受害者的生活并不了解却抱有各种妄想的人。剩下的10%一般都是对受害者一见钟情或是希望接近名人才开始犯罪的。电影《危情十日》就讲述了一个“粉丝”是如何监禁自己喜欢的作家，并强制要求他按照自己的想法去写小说的故事。这个“粉丝”就属于那10%的人。

跟踪狂都有一个共同特点，那就是认为自己的想法和受害者的是一样的。一旦他们发现事实并非如此，对受害者的好感就会突然转变成憎恶感。而且之前的好感越多，跟踪狂采取超常规举动的可能性就越大。

有研究结果表明，谁都有可能成为跟踪狂。因此，建议本书的读者最好不要有让人起疑心的举措或态度。

04 向他人求助不是羞耻的事

——危险时分泌出来的物质导致创伤后应激障碍的产生

关键词：**创伤后应激障碍**

“创伤后应激障碍（PTSD）”最早出现在从越南战争归来的美国退伍士兵身上。像电影《第一滴血》的主人公兰博那样有创伤后应激障碍的士兵既无法融入社会生活，又不能继续战斗。他们中有的人开始过着流浪生活，有的人沉迷于烟酒，有的人闭居家中，有的人甚至会自杀。

美国的脑科专家和精神学家通过研究发现，在战场上，士兵们因经常面临死亡的威胁，大脑分泌出来的某种脑内物质偏多。即使这些人已经远离战场，但因这种脑内物质仍在不断分泌，他们会持续出现睡眠障碍和荷尔蒙分泌异常。

在日本，自从阪神大地震的受害者出现上述症状后，创伤后应激障碍也就被人们所熟知了。另外，虐待儿童、暴力性行为、诱拐、抢劫、恐怖主义犯罪、交通事故和亲人的突然离世等事件也会引发创伤后应激障碍。

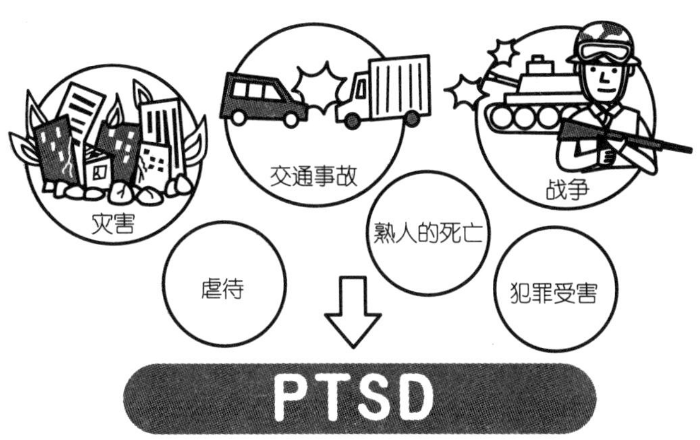

当然，并不是说遭遇过这些事件或是有过非同寻常经历的人都会出现创伤后应激障碍。但让人意外的是，平常看起来越是开朗、积极和独立的人，在遇到突发事件后，越容易出现创伤后应激障碍，因为这些人习惯一个人承担所有事情。受到伤害时，向他人求助是理所当然的，只有具备这种心态，才能保证不患上创伤后应激障碍。

05 千万不要鼓励患有抑郁症的人

——一句“加油”甚至有可能引发抑郁症患者自杀

关键词：**抑郁症**

俗话说：“石头丢出去总能砸到什么。”你周围可能有许多人都患有抑郁症。抑郁症是最常见的精神疾病，而且越是认真、勤奋、责任感强、热心工作、偏执、不会变通的人越容易得。

患有抑郁症的人会无缘无故情绪低落、感到劳累、注意力不集中、失去自信、兴趣减低、食欲减退、睡眠质量差。尽管对抑郁症的治疗主要以药物为主，但精神治疗也是必不可少的。只是要注意：鼓舞患者只会使症状进一步恶化，甚至有可能导致患者自杀。所以，请一定要避免鼓舞患者。让他们暂时放下工作休养一段时间，细心照料他们，听他们发牢骚，是周围人可以采用的最好办法。

为什么不能说“加油”之类的话呢？因为很多患有抑郁症的人正因为很努力，所以才患上抑郁症的。在他们看来，“加油”的意思就是“你的努力还远远不够”。

最近几年，轻度抑郁症患者的数量也在不断增加。尽管这些患者症状较轻，但也不是两三天就可以恢复的，至少也需要1～2个月的时间，所以也不可忽视。

不管怎样，工作一段时间后，记得让自己开开心心地休个假。重新回到公司时，也请记住不要逼迫自己太努力。

06 想死的人其实是想活下来

——令人难过的日本年轻人自杀事件

关键词：**自杀**

根据日本警察厅公布的数据可知，2007年日本自杀人数达到33093人。这是自1998年以来，连续10年每年自杀人数超过3万人。还有种说法是，自杀未遂的人数是这个数字的10倍之多。

西方人认为“自杀的人是不可以上天堂的”，但在日本，自杀的人就没有那么大的心理负担了。也许正是这个原因，与西方国家相比，日本的自杀者以20岁左右的年轻人和上了岁数的人居多。

至于自杀动机，排在前三位的依次是健康问题（48%）、经济问题（24%）和家庭问题（12%）。此外，还有职场问题（7%）、男女问题（3%）和学校问题（1%）等。其中，因为健康问题自杀的14684人中，患有抑郁症的就多达6060人。

年轻人之所以自杀，很重要的一个原因是为了报复父母、老师以及一直欺负自己的同班同学，因为他们感觉不到周边人对自己的爱。

自杀者在自杀前大多都有发出自杀信号。比如，烧掉所有的纪念册，把自己很珍惜的东西送给别人等。

年轻人自杀时，大多数人在想死的背后还有很强的想活下来的心理。比如，自杀前打电话给别人或是在大楼屋顶上站好几个小时，也许都是希望有人发现自己自杀的倾向并给予制止。事实上，这种徘徊在生和死之间的矛盾心理也是人们自杀的动机之一。

2006年，日本制定了《自杀对策基本法》。尽管政府在此基础上制定了《自杀综合对策大纲》，却依旧无法减少自杀人数。请记住，经常关注周边的人，才是防止自杀的最佳对策。

07 想骑着偷来的摩托车去兜风

——边缘型人格障碍的特点

关键词：边缘型人格障碍

在你周围有没有这样的人呢？他有很强的个人主义倾向，傲气却又很在乎别人的看法，容易情绪激动，受到赞扬或谴责时易冲动。如果有的话，那他很可能患有边缘型人格障碍。太宰治、尾崎丰、玛丽莲·梦露就患有边缘型人格障碍。

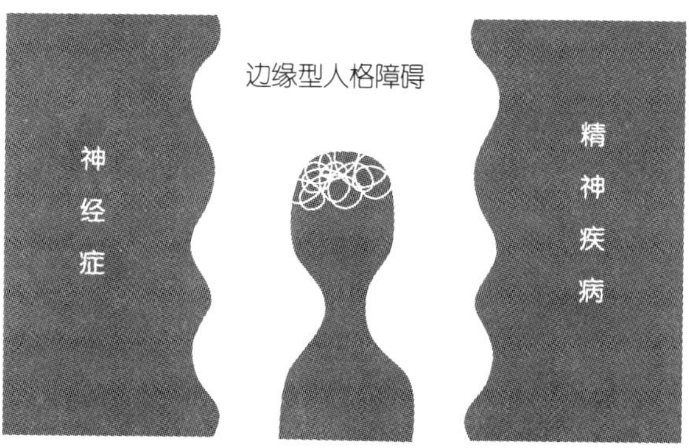

患有边缘型人格障碍的人有如下8个特点：

①人际关系不稳定；

②感情起伏较大，情绪不稳定；

③容易冲动；

④长期感到空虚；

⑤自杀未遂，反复伤害自己；

⑥极其希望有人爱自己；

⑦无缘无故发怒，无法控制愤怒；

⑧有一时的妄想症。

患有边缘型人格障碍的人只要要求稍微得不到满足，便无法忍受，甚至导致暴力事件的发生。

边缘型人格障碍产生的原因大多数在于恶劣的成长环境。比如，父爱的缺乏、母亲的过度保护和干涉、父母不和或离婚。患有边缘型人格障碍的人在儿童时期可能遭受过精神和身体上的伤害，例如，性虐待、被忽视（抚养者不恰当地抚养或放弃抚养）等。如果你周围有这样的人，那么向他传递幸福的感觉是很重要的。

08 工作是做不完的，再忙也要喘口气

——导致心脏病产生的最大原因是自己制造出来的紧迫感

关键词：A类型人　B类型人

A类型人是指那些希望在短时间内尽可能完成更多工作的人。想到“这个也要做，那个也要做”，总是感到时间紧迫的人，属于典型的A类型人。相反，即使被安排了同样多的工作也不强迫自己立即完成的人属于B类型。

尽管不同类型的人所能完成的工作量有明显差距，但A类型的人因过分追求量的满足，喜欢按照固有的模式迅速结束工作，所以，在创新方面通常比不上B类型的人。

虽然不能一概而论地说哪种类型更好，但美国医学专家弗里德曼和罗森曼在对3500名身体健康的男性进行调查后发现，10年后A类型人患有心脏病的人数是B类型人的3倍。另外，他们在检测了会计师的血清胆固醇数值后发现，随着纳税期限的接近，这一数值会不断升高；当他们工作闲下来时，这一数值就会下降。

既然知道过强的时间紧迫感会给心脏带来不良影响，那么首先应该做的就是不要制订不切实际的工作计划表。其次，不要把每项工作的完成时间安排得太少。

不管做什么工作，身体是本钱。稍稍放宽完成时间，不会有什么坏结果，说不定还能想出平时从未想到过的好创意。

电子邮件使普通人变成恐吓犯

——不用负责的想法使普通人丧失犯罪意识

关键词：**网络匿名**

因为觉得警察无法查到是谁做的，匿名的网络世界让普通的女高中生也会随意说出和外表极为不符的粗话。最近，川崎市某公司一个29岁的女职员因在某笑星的博客里写了“我要杀了你”等充满恐吓意味的留言，被作为恐吓嫌犯递交检察院。另外还有18名年龄在17～45岁的男女也因在其博客里写了毫无事实根据的内容，以“博客暴力”罪被递交检察院。这正说明了网络匿名的负面影响。说到在网络上对他人诽谤中伤，邻国韩国甚至发生过当红女明星因此自杀的事件。

在压力极大的现代社会，人们很难在现实世界中展现完全真实的自我，于是，电子邮件、公众留言板等成了人们释放压力的工具。人们在匿名的网络世界可以说自己想说的任何话，且不用承担责任。据说，上述事件中的公司女职员向警方供述自己的动机“原本是出于正义感”。虽然无法获悉她在现实生活中是否也充满正义感，但她至少没有当面述说的勇气吧？电子邮件等匿名工具的优点是可以不公开身份地说自己想说的话，其负面影响却不可小觑。当普通人不用担心被追究责任时，犯罪的意识便被抛到了九霄云外，这是极其危险的。

10 渐渐都不知道自己在说谎了

——说谎症产生的缘由

关键词：**说谎症　歇斯底里症**

虽然人都有愿望和空想，但若把它们与现实混为一谈，就患上说谎症了。克莱尔·杜瓦尔在电影《失魂少女》中饰演的少女就患有说谎症。在电影中，克莱尔所饰演的少女向薇诺娜·瑞德所饰演的少女说：“爸爸是美国中央情报局的特工！你想被他杀掉吗？”

说谎症患者最大的特点就是坚信自己所说的谎言是真实的，即使这种谎言在正常人看来是极其不合逻辑的。拿上面的例子来说，即便父亲是美国中央情报局的特工，也不可能杀掉住在精神病院的女儿。但患有说谎症的人是不会察觉到这种矛盾的，因为他们对自己所说的话都深信不疑。

虽然说谎症不会让患者的身体器官出现异常，但会导致身体机能出现障碍，诱发歇斯底里症。所以，歇斯底里症患者大多患有说谎症。

这两种疾病的共同性在于患者都过度追求虚荣。为了满足虚荣心，他们需要经常说谎。当情况不允许他们说谎时，他们就会出现偏头疼或头晕眼花等身体不适。

一篇发表于英国医学杂志上的论文证实，说谎症患者的大脑脑前叶前部负责管理道德行为的灰白质不足，而连接细胞体的白质过多。

11 精神分裂症患者无法区分现实和非现实

——精神分裂症的3种类型

关键词：**精神分裂症**

精神分裂症与躁郁症并称为两大内因性精神病。上医院精神科检查的人，大多患有这两种病中的一种。

患有精神分裂症的人的头脑里充满各种幻觉和妄想，他们无法区分现实世界和非现实世界。精神分裂症有以下3种类型：

①**青春型**。这种类型患者发病前大多内向。一旦发病，他们会变得更加孤僻、自闭；生活难以自理。

②**紧张型**。这一类型发病较急。患者经常语无伦次、行为怪异，还有失去面部表情等身体僵硬状况出现。

③**妄想型**。这一类型患者的临床表现主要是妄想和幻觉。包括妄想自己变成了动物和植物的“变身妄想”，认为自己被某人跟踪迫害的“被害妄想”，无缘无故怀疑自己的伴侣出轨的“嫉妒妄想”，等等。和青春型和紧张型相比，该类型症状稍轻。

精神分裂症多发于青春期和青年期，且发病率很高，每千人当中就有七八人患有此病。所以，不能想当然地认为“自己应该不会得的”。精神分裂症仅靠精神疗法治疗很难痊愈，患者需要定期到医院检查或者入院治疗。具体发病原因目前尚不清楚，除遗传因素和幼儿时期的生活方式以外，与压力过大有关。所以，建议有精神分裂前兆的人尽快找到自己热衷的事物，多花些时间在上面，以此缓解压力。

12 “放慢脚步”激发生命力

——舒尔茨的自律神经训练法

关键词：**自律神经训练法**

先来介绍一下德国精神科医生舒尔茨发明的“自律神经训练法”。这是一种通过研究自身睡眠而开创的精神治疗方法。这种方法能够使人身心放松，激发身心潜能。对于经常感到内心紧张的现代人来说，学习这种方法是有百利而无一害的。

具体做法是，先躺在安静的房间里，全身放松，然后轻轻地闭上眼睛，不断在头脑中重复下面7句话进行自我暗示：

①内心平和；

②手脚变得越来越重；

③手脚非常暖和；

④心脏在安静地跳动着；

⑤舒畅地呼吸；

⑥肚子暖和；

⑦额头发凉。

这些话是事先规定好的，所以一定要按照先后顺序逐一实施，且只有当身心真切感受到前一阶段所提示的内容后才能进入下一阶段。这种使自己“放慢脚步”的训练可以使身心处于平衡状态，从而最大限度激发生命力和身体的自然治愈力。

每天练习3次，每次5～10分钟最为理想。习惯以后不一定要在家里练习，上下班路上和休息时间也可以利用。总而言之，不要去刻意要求自己“现在就开始做自律神经训练法吧”，自然地集中精力是关键。

13 没生病却感觉生病了

——“疑病症”病历表大汇集

关键词：疑病症

俗话说“病打心上起”，由情绪不佳导致的疾病统称为“疑病症”。

浑身无力、头痛、肩膀酸、肚子痛、恶心、呕吐……因感觉身体不舒服去医院检查，结果医生却说“什么病都没有，不用吃药”。如果你有过这种经历，那么就有可能患上了疑病症。

疑病症患者大多是神经衰弱、内向的人，他们对周围事情不感兴趣，只在乎自己的身体健康状况，一天到晚担心自己的身体有什么毛病。他们刚开始时也许只感觉身体疲倦，之后便开始怀疑自己得了绝症，心想“自己是不是得了癌症或者白血病了呢？”“是不是得了脑出血了呢？”“会不会是心肌梗塞呢？”等等。

此外，有小孩的人也会过分关心小孩的身体健康状况，这样一来，小孩自己也很有可能患上疑病症。

疑病症患者对自己得了疾病深信不疑，他们认为无法理解自己痛苦的医生是庸医，所以通常无法在某一家医院安心治疗。

诱发疑病症的原因有可能是积聚在内心的不安、不满或纠葛等不良情绪。最好的治疗办法是消除患者内心的不安和不满。倘若意识到自己有得病的先兆，首先要做的是尽情地发牢骚或找到自己感兴趣的事情来做。

如果你周围有疑病症患者的话，那就静静听他们发牢骚吧。同时，让他们好好休息也很重要。

14 无法与人产生共鸣

——愈演愈烈的自卑感会剥夺人的同情心

关键词：**自卑情结　权威主义者**

即便是令人嫉妒的大美人、事业成功的大人物，也不敢说自己“从来没有感到自卑过”。如果人的自卑感是“好的自卑感”，也就是认为“自己某方面不如别人，所以决定要好好努力，不断提高”的话，那也有可能取得巨大成功。比如，失去听力、视力和说话能力的海伦・凯勒通过不断努力，终生从事教育和慈善事业；小时候左手被严重烧伤的野口英世成了著名的细菌学家。尽管我们无法知道他们两个人是否因为自己的遭遇感到自卑过，但这些都是典型的例子。

那么，人要是产生了不好的自卑感，结果会怎样呢？

开辟了个体心理学领域的奥地利心理学家阿德勒给不好的自卑感下了一个定义，即“自卑情结”。他认为，产生自卑情结的原因有以下3种：

①身体有缺陷；

②娇生惯养；

③在成长过程中遭人厌恶、排斥。

阿德勒把“每个人都有的自卑感”和“自卑情结”分开考虑。自卑情结很严重的人容易患上神经症。他们可能变成竞争意识极强的权威主义者，难以与他人产生共鸣。他们会不惜一切代价，倾注所有精力去争强好胜，结果必然导致个人的社会生活发生扭曲。

为了不让自卑感发展成自卑情结，我们可以向阿德勒学习，他认为“所有人的进步都是不断努力战胜自卑的结果”。阿德勒本身就是一个极好的例子——他不仅腿有残疾、驼背、身材矮小，还因是犹太人长期遭受歧视。

15 和别人不一样的我是异类吗？

——敏感度异常和心理异常的区别

关键词：**异常**

“看到某电视画面，别人都没有笑，只有自己一个人哈哈大笑。”

“看到别人都流泪的场景，自己的内心却丝毫没有反应。”

……

你是不是也有过类似的经历呢？当一个人的敏感度偏离了平均值的时候就会被称为“异常”，但偏离并不代表这个人的敏感度就在平均值以下，也有可能在平均值以上。想一想世界上那些在各个领域产生巨大影响的天才们，他们的敏感度通常被人认为是异常的，但实际上却比普通人优秀10倍。

“异常”一词常带有贬义。不少人认为“异常”的意思就是不符合常情。当人的敏感度偏离平均值时，除了可以创造发明新产品和创作出优秀作品外，还有很多人会出现很难适应社会生活的问题。认识到这一点后，让我们来探讨一下心理异常。

心理异常包括折磨自己的异常和折磨别人的异常。

折磨自己的异常是一种神经症，也就是我们常说的强迫症。例如，出门后过度担心“有没有拔掉熨斗插座”、“有没有关掉煤气阀门”等，并且需要花大量时间反复确认。本人通常都会认识到自己的这一行为是异常的，有的人会为了解决这一问题主动去医院检查，所以周围人不用过分担心。

如果是折磨别人的异常，本人是无法察觉出来的。上文提到的“精神分裂症”就属于折磨别人的异常，这就需要去医院治疗了。这是使他们避免出现心理异常的最佳办法。

☆心理学专栏☆

越是天才，越有精神方面的烦恼。

越是有理想又认真的人，越容易因为理想与现实之间的差距而感到烦恼，从而出现某些精神障碍，即使是世界名人也不例外。

有资料表明，德国文学家歌德患有典型的躁郁症。他平时是个固执而难以接近的人，但发病的时候却完全变成了另外一个模样。他狂躁时，不仅创作力旺盛，对恋爱也充满了激情，不管自己年纪多大，都会迷上年轻女性。

捷克作曲家马勒患有严重的强迫症。他疯狂地爱着比自己小20岁的妻子，每天晚上都要反复确认妻子是否睡在身边。为此，烦恼的马勒甚至接受了精神分析学家弗洛伊德的检查。马勒的父亲是典型的暴力狂，经常对妻子拳打脚踢，马勒因此还有严重的恋母情结。

俄国文学家陀思妥耶夫斯基因为父亲的残暴患有严重的恋母情结，甚至妄想杀掉父亲。18岁时，他的父亲被佣人杀害，自己的妄想变成了现实，陀思妥耶夫斯基因此产生了强烈的罪恶感，并深感痛苦。

日本文学家夏目漱石有恋爱妄想症，为此还发生了一段趣事。有一次，夏目漱石去医院看眼科，对一位女性一见钟情。夏目漱石因此认为那个女人一定会来到自己的身边，他坚持说“她肯定来过家里”，并对家人大怒道：“你们怎么能不告诉我就拒绝了呢？”

心理测试

Q1. 你在森林里迷路了。天开始慢慢地暗下来，这时出现在你眼前的会是什么？

A.白色的尸骨　　B.身体庞大的熊

C.恐怖的幽灵　　D.咬牙切齿的狼

Q2. 在进入森林之前，你觉得森林很神秘。但在进入森林以后，你的想法又是什么呢？

A.感觉比森林外面还要明亮　　B.还是觉得很神秘

C.与想象的完全不一样　　D.感觉很恐怖

Q3. 你来到了语言不通的国外，正感到不安时，一个陌生人跟你搭话。此时你会怎么想呢？

A.是给我指路吧　　B.难道要抢我的钱吗？

C.一定是流氓　　D.还是赶紧逃吧

Q4.和异性朋友出去兜风。车开了一段时，对方说“停一下”，你觉得此时会看到什么景色呢？

A.神秘的两座山　　B.有海鸥飞翔的傍晚时刻的海

C.寂静的田园夜景　　D.霓虹灯闪烁的城市夜景

答案

Q1.潜藏在自己头脑中的消极一面是……

人的思维各有特点，让我们了解一下自己的消极思维的特点吧。回答A尸骨的人，常常感觉别人瞧不起自己，说不定有轻微的被害妄想症；回答B熊的人，常认为别人是坏人，有时候过分相信自己；回答C幽灵的人，容易对陌生事物感到恐惧，视野狭窄；回答D狼的人，有患异性恐惧症的倾向。

Q2.选择C和D的人有双重人格

森林代表你潜意识中的世界。进入森林前的想象和进入后的印象之间的反差越大，说明你的表面和内心的反差越大。所以，选择A和B的人不会对自己撒谎，也不容易积聚压力；回答C和D的人很有可能有双重人格。

Q3.是否能真心理解并接受别人的话

当陌生人和自己搭话时的内心想法反映你的疑心程度。回答A“是给我指路吧”的人属于乐观主义者，能够真心理解并接受别人的话；选择B“难道要抢我的钱吗？”的人疑心程度为中等；回答D“还是赶紧逃吧”的人疑心程度最高；回答C“一定是流氓”的人只是心中稍微有些疑惑，说不上有疑心。

Q4. 恋母？恋父？还是…

在深层心理中，山代表父亲，海代表母亲，夜景代表兄弟姐妹。所以，回答A山的人有恋父情结。回答B海的人，只要一闲下来就会想到妈妈的笑脸，有恋母情结。选择A和B的人，如果是和父母分开居住的话，应该会经常想见到自己的父母。选择C和D的人有凯因情结。也就是说，尽管和对方是兄弟姐妹关系，但依旧追求彼此相爱或相互对立。

第六章
可怕的自我分析
——发现以前所不知道的自己

因衰老让自己思维能力下降的人是懒汉
——智力也有成人发育阶段

关键词：智力的发育　成人的发育阶段

一般人认为身体衰老的同时智力也在衰退，但事实并非如此。有心理学调查结果证明：智力是不会随着年龄的增长而衰退的。

在这一调查中，研究人员从不同时代的人中抽取数量相等的实验参与者，每7年做1次智力测试，前后共进行3次，以此研究年龄的变化是否会影响智力。结果发现，不同时代的人之间的智力水平基本没有差异，但同一时代之间有很大差异。

也就是说，智力衰退现象是存在的，但不是因为年龄的增长，而是因为人们减少了用脑活动。最近几年，开发脑力的游戏和书籍开始大受欢迎，这说明只要持续用脑，即使年龄不断增长，智力仍旧可以不断发育。

虽说大脑会越用越活跃，但也不能强迫自己学习，只需要找到自己认为有意义的值得做的事情，全神贯注做好就可以了。

除了智力，人体机能中的生殖活动和精神活动在个体成熟后也会继续发育，进入“成人发育阶段”（如图6-1）。有实验结果证明，生殖活动的最高峰在30多岁，精神活动会一直持续到60多岁。

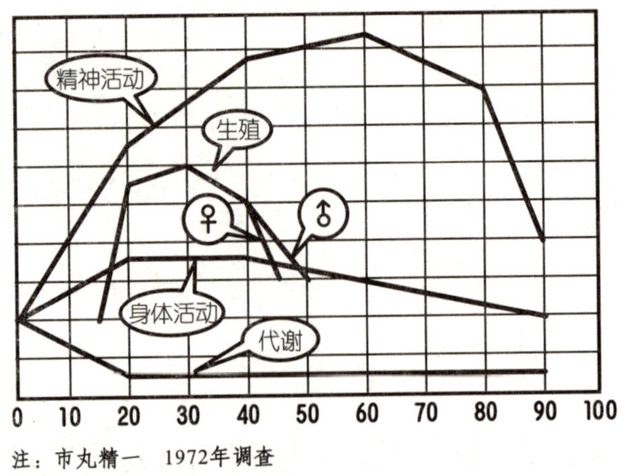

注：市丸精一　1972年调查

图6-1　人体各种机能的发育曲线图

02 人是残酷的，以貌取人是人的天性

——漂亮的外表可以展现内心的美

关键词：外貌带来的影响

不知道从什么时候开始，“形象好的人，脾气一定不好”的想法渗透到了不少人的意识里。但调查结果证明，事实并非如此。

在美国女心理学家戴安等人所进行的调查中，大部分实验参与者认为形象好的人有社会公认的好性格，比如体贴、幽默、谦虚、善于社交等。相反，很少有人认为形象差劲的人有社会公认的好性格。此外，形象好的人在工作地位、作为父母的能力、作为伴侣的能力等方面也获得了很高评价。

总而言之，随着以貌取人的社会倾向越来越明显，人们需要通过漂亮的外表来展现内心的美。即便是形象稍微有点差劲的人，通过保持服装和发型的干净整洁，也能给别人留下不错的印象。如果对自己外表和内在修养不满意，也可以通过对外表的修饰进行弥补。因此，修饰外在值得一试。

当然，也有人提出：戴安等人证实的人喜欢以貌取人的倾向是一种偏见。确实，对于形象不好的人来说，以貌取人是不太礼貌的做法。

03 离自己最近的心理杀手是孤独感

——造成孤独感的7种原因

关键词：孤独感

对于人类来说，离自己最近的心理杀手是孤独感。

孤独和独自一人是两个不同的概念。独自一人时，若本人并不感到孤独的话，那就不会有问题。想和人见面却见不到任何人、找不到可以信赖的人时所感受到的寂寞和绝望才是孤独感。

当人的孤独感达到一定程度时，就可能患上抑郁症，对酒精或药物上瘾，甚至可能死亡。

促使人产生孤独感的原因会因年龄的不同而有所区别。为此，心理学家亨德里克认为各年龄段孤独感产生的原因如下：

①**幼儿时期**。当父母不在自己眼前时，感觉自己被抛弃了。

②**儿童时期**。由于转校，和朋友分开了，感到孤独。

③**青少年时期**。在父母和朋友的期望之间左右为难，感到孤独。

④**青年时期**。离开父母独自生活，感到孤独。

⑤**中年时期**。父母去世，感到更加孤独。

⑥**老年前期**。孩子离开自己，为此感到孤独。

⑦**老年后期**。退休后，工作中建立的人际关系不再存在，感到孤独。

知道自己的孤独感来自哪里，并做好思想准备，是减轻痛苦的捷径。

事实上你也会美化自己

——人的自我认知偏差

关键词：**自我认知偏差**

对于人类的自我认知，心理学家针对高中生做了“是否认为自己的领导能力、运动能力以及理智程度等7种优秀品质在平均水平以上”的调查。

结果发现，大多数实验参与者认为自己所有能力都在平均水平以上。不可否认，这其中当然有人对自己做出了正确的评价，但70%（基于“领导能力”的数据）的人都在平均水平以上是不可能的。也就是说，虽然已经是高中生了，也不一定能够正确认识自己。

另外，专家对“不良品质”也进行了调查，结果发现只有40%的实验参与者认为自己在平均水平以上。

这两个调查结果说明，人的自我认知有将自我美化的倾向。人通常会认为成功是自己努力的结果，失败都是别人造成的。就拿之前备受关注的一项调查来说，工作三年后辞职的年轻人普遍认为辞职原因是“公司环境、结构组织不好”。

绝大多数人都需要严格地重新审视自己，决不能放纵。

05 认识潜居在心中的恶魔

——因社会压力产生的攻击心和敌意

关键词：心理防卫机制

麻烦事总是与人如影随形。不管多么小心，该卷入麻烦的时候肯定是逃不过的。有时一时的疏忽大意甚至可能造成致命的后果，而有的时候，本来没有任何过错却要遭受完全不公平的对待。

当遇到这些事的时候，“尽量将对自己的伤害控制在最小”的潜意识便开始启动，这就是人的心理防卫机制。

心理防卫机制包括压制、合理化、投射、反向形成、替换、补偿、后退、逃避、升华等。其中最为重要的是压制、合理化和投射。

压制是所有防卫机制的基础，即把无论如何也不愿接受的行动、感情和记忆等压制到无意识之中去，使个体不再因此而焦虑、痛苦。也就是说，说服自己把那些不愿接受的事主动遗忘掉。

当有些意识无法压制时，人就会将其合理化。也就是说，为了使自己的行为合理化，减轻自己的罪恶感，人会将所有的错误归于他人。从这时起，人的心中就开始萌发对他人的攻击心和敌意了。

攻击心和敌意累积到一定程度之后，人会采取针对他人的具体行动，也就是投射。投射是指人们在认定那些自己难以认可的行动和感情产生的原因不在自己而在于他人时，会嫉妒、憎恶对方，同时认为对方也同样嫉妒、憎恶自己，因此觉得批评对方也不要紧，并通过批评对方，来发泄内心高涨的攻击心和敌意。

为保护自己继续在社会中生存下去，这些心理防卫机制是必不可少的。但是，如果过度使用的话，有患上神经症的危险。此外，千万不要因为攻击对方而导致无法挽救的后果。所以，时常提醒自己不过分依赖别人是很重要的。

06 自己对自己的评价是不准确的

——自我评价会随周边环境的不同而不断变化

关键词：社会比较　自我评价

“你是个什么样的人呢？”

回答这样的问题时，一般人都会认为自己准备的自我评价是冷静分析后的结果。事实上，那只是通过他人对自己的评价，且与他人比较后形成的。其中，与他人比较被称为“社会比较”。

自我评价在很大程度上受“社会比较”的影响。也就是说，参照人物不同，自我评价的结果也会发生变化。

假设世界上有两个性格和能力完全一样的人，其中一个人和爱热闹、开朗乐观的人生活在一起，他对自己的评价很有可能是“一丝不苟、神经质”。另外一个人和成绩优秀、做什么事都很完美的人生活在一起，他对自己的评价很可能就是“成绩差、什么事都做不好”。

可见，自我评价极易受他人影响，为了提高准确性，选择正确的比较对象是关键。所以，应当放宽视野，扩大比较范围，从不同角度进行社会比较。

此外，不要做过一次自我评价就认为评价结果会一成不变，应当根据环境的变化，多比较几次。

07 斩钉截铁地拒绝恋人的无理请求

——心理学上的3种恋爱模式

关键词：**厄洛斯型恋爱　鲁塔斯型恋爱　斯特罗鸠型恋爱**

许多人一生会谈很多次恋爱，尽管每次的对象都不相同，但模式却有可能有相似之处。心理学家把恋爱模式归纳为3种，每一种都各有其特点：

◎厄洛斯型恋爱（唯美型恋爱）

这一类型的人喜欢充满激情的戏剧性的恋爱。他们的爱是盲目的，不管在哪里都会热烈追求自己喜欢的人。这对于喜欢鲁塔斯型恋爱的人来说是一种沉重负担，而喜欢斯特罗鸠型恋爱的人在他们看来缺乏热情，没法发展成恋人。

◎鲁塔斯型恋爱（游戏型恋爱）

这一类型的人追求快乐、毫无负担的恋爱。他们不喜欢束缚，尊重对方的隐私，在勾引、玩弄对方的过程中会觉得很开心。所以，他们既没有厄洛斯型恋爱的那种热情，也没有斯特罗鸠型恋爱的那种真诚，因此经常被厄洛斯型恋爱的人和斯特罗鸠型恋爱的人认为言行过于轻率。

◎斯特罗鸠型恋爱（友谊型恋爱）

这一类型的人诚实、体贴，喜欢在彼此信任的基础之上与他人建立起朋友般的恋爱关系。他们追求内心的相互理解，尊重彼此的人格和价值观。虽然厄洛斯型恋爱的人认为和他们谈恋爱索然无味，鲁塔斯型恋爱的人认为与他们谈恋爱过于沉重，但他们却可以成为一生的伴侣。

在开始恋爱之前，最好弄清楚自己喜欢哪种恋爱模式，喜欢的对象是怎样的，是否和自己投缘。这样，万一双方之间的关系出现了裂痕，也可以减轻因此产生的心理创伤。

另外，随着年龄的增长和恋爱对象的不同，自己喜欢的恋爱模式也会悄悄发生变化，并不是永远不变的。

08 自己内心是否存在犯罪心理?

——易犯错误的8种性格类型

关键词：性格差异　易犯的罪行

虽然大多数人认为自己不会犯罪，但如同“鬼迷心窍”一般，突然犯下罪行的人也不在少数。

注：摘自《有关人性格的心理学》　夏本博明著　日本实业出版社

什么样的人容易犯罪？容易犯哪些罪？现在我们来介绍一下心理学方面的分析结果。

◎讨厌工作的职业犯罪

性格懒散、有厌恶工作倾向的人因为没有工作或是不断换工作，导致生活常常陷入困境而伸出罪恶之手。常犯的罪行有盗窃、诈骗、赌博、恐吓他人等。惯犯较多。

◎财产犯罪

意志薄弱、容易被诱惑的人会给人老实、一本正经的印象。尽管明知道不可以做，但还是会向别人的财产伸出罪恶之手。常犯的罪行有扒窃、盗窃、贪污公款等。

◎暴力犯罪

犯这种罪的人性情急躁、以自我为中心，他人不顺从自己的想法时便对他人看不顺眼。他们的言行常显粗暴，尽管不是故意的，但很有可能杀人。

◎无法克制性欲的性犯罪

犯这种罪的人虽然性格普通，但无法控制性欲，往往会犯猥亵罪或强奸罪。这种类型的人通常都是惯犯。

◎危机型犯罪

危机型罪犯是指在被逼无奈的情况下犯罪的人。比如被家庭暴力折磨的妻子杀死丈夫就属于这个类型。每个人都有可能因此犯罪，是可能性最高的犯罪类型。

◎原始反应型犯罪

这种人会使用一切手段得到自己想要的东西。比如，只要没人看见，便开始偷盗；性欲高涨时，便袭击身边的女性。通常是突发性犯罪。幼年时期娇生惯养、挫折耐性差、尚不成熟的人常会实施此类犯罪。

◎有意识犯罪

有意识犯罪是指明知道犯法却执意犯罪。罪行包括持不同政见、从事间谍工作、武装政变、诈骗等。其中以信念坚定、头脑聪明的人居多。

注：摘自《有关人性格的心理学》 夏本博明著 日本实业出版社

◎无意识犯罪

这种人由于缺乏社会常识，会在无意中犯罪。也就是说原本认为自己的行为不犯法，可结果却犯了法。如性骚扰、违反交通规则、伪造私人文件等行为都属于无意识犯罪。

以上是常见的8种犯罪性格，但愿在你心中没有萌发犯罪的种子。

09 你的内心欠缺什么
——荣格的4种基本心理机能

关键词：**心理机能**

瑞士心理学家荣格认为人的心理活动有思维、情感、感觉和直觉4种基本机能，且各机能之间是此消彼长的对立关系——当人的思维较发达时，情感就较弱；感觉较发达时，则直觉较弱。荣格据此将人划分为以下4种类型：

◎思维型

这一类型的人思维机能发达，情感机能较弱。他们擅长有理有据、有条理地分析事物，但因既不擅长揣摩他人心思，也不擅长向他人倾诉自己，被认为是“冷漠的人”。因为不愿受氛围和情感的干扰，喜欢有理有据地进行思考，所以常被人说“真没劲”。

◎情感型

这一类型的人情感机能发达，思维机能较弱。对人是喜欢还是讨厌，心里是开心还是无聊，都用情感来判断，是否合乎道理反而不怎么重要。这种类型的人容易与他人产生共鸣，擅长照顾他人。虽然他们是组织中不可缺少的一部分，但仅靠这些缺乏理性思维的人，事情也是无法取得实质性进展的。

◎感觉型

这一类型的人感觉机能发达，直觉机能较弱。他们的视觉、听觉、嗅觉、味觉、触觉发达，擅长观察事物，可以看到每个细节。这种类型的人适合做对精确度要求很高的工作。其不足之处在于视野相对狭窄，在处理需要全盘考虑的问题时，有可能出现大纰漏。

◎直觉型

这一类型的人直觉机能发达，感觉机能较弱。他们擅长放眼未来，规划和构思能力强。这种类型的人虽然擅长开辟新事业、发展新顾客，但不能踏踏实实、稳稳当当地工作。

不管是哪种类型的人，个性都很明显，都有各自的长处和短处。当然，如果每个人能根据自己当时的情况，灵活应用心理具备的这4种机能是最好不过了，但人偏偏无法巧妙地利用它们。因此，我们只有通过了解自己的心理机能类型，明白自己的长处和短处，才能进一步提高自我分析的准确度。

10 价值观不同的人，性格也不同

——奥尔波特的性格6分法

关键词：**奥尔波特的6种价值观类型**

说起人的性格，我们一般只关心人的情感和气质，却忽略了价值观也同样会对性格的形成产生巨大的影响。

美国心理学家奥尔波特依据人的价值观的不同，将人分为以下6种类型：

◎理论型

这一类型的人注重理性思考，反感不合道理的事情，从不被感性的东西所困惑。

◎经济型

这一类型的人重视实用性，喜欢明确学习的用处，追求实际利益，不管做什么事情，都会先想“因为这个，我能得到什么”。比起过程，他们更注重结果。

◎审美型

审美型的人认为美的体验具有最大的价值。他们讨厌世俗和纠纷，和周围人始终保持最低限度的接触，通常给人很冷漠的感觉。

◎社会型

这一类型的人重视和他人的来往，喜欢相互依靠共同生活，爱他人也希望被他人爱。由于把人与人之间的情意放在首位，所以他们基本上不会计较得失。

◎政治型

这一类型的人喜欢发动、组织和支配他人，认为人生就是一场战争，为了胜利可以采取一切手段。与他人的交往也是达到目的的一种手段，基本上没有情分可言。

◎宗教型

这一类型的人重视神秘体验。有人重视今生，有人重视超越现世的价值，也有人对两者都很重视。

奥尔波特还认为，类型相似的人容易亲近，而不同类型的人（比如经济型和审美型）就难以相处。但是，人的价值观不同并不代表他们就永远无法达成共识，彼此尊重、理解对方是很重要的。

11 自己描述一下自己吧

——人的4种自我概念

关键词：**自我概念的4方面**

心理学家肖维尔森将自我概念分为学业自我概念、社会自我概念、情绪自我概念和身体自我概念4个方面。在了解自己是什么样的人时，首先应该从这4方面考虑。

◎学业自我概念

是在学生时代哪门功课成绩好、擅长哪门功课的基础上形成的自我概念。学业自我概念在进入社会后以能力自我感念的形式存在，比如策划能力强、销售能力强、擅长发展人际关系等。

◎社会自我概念

人的社会自我概念是在与家人、朋友、恋人、同事等人的交往中形成的，比如善于交际、善于照顾他人、有礼貌、重情义等。

◎情绪自我概念

情绪自我概念指人的情绪状态。我们通常所说的好激动、易怒、动不动爱打架、消极、不踏实等都属于情绪自我概念。

◎身体自我概念

身体自我概念是对身体的外在描述，比如个子高大、身体偏胖、小脸、平肩、体力不好、肠胃不好、声音洪亮等。

建议读者按照以上4种类型写下自己的特点，检查一下自己哪种类型所占比重大。某方面比重越大，说明这方面个性越突出。

12 有时自己都不了解自己
——分阶段到来的个性丧失期

关键词：**个性感觉障碍**

相信每个人都曾经有过“自己都不了解自己”的心理困惑吧。比如，采取了意外的行动，泄露了答应绝不说出口的事情等。当这些潜藏在内心的冲动爆发出来时，我们自己应该是最感到诧异的吧。之所以会这样，是因为人们总是认为按照周围人所期望的那样表现出来的自己是真正的自己，但那只是潜意识里某些东西被压制后表现出来的自我。

人总是通过和他人比较来认识自己。比如个子矮、头脑聪明、运动神经发达、慢性子，等等，这些都是通过和他人比较得出的自我评价。因为没有比较对象，人是没法认识自己的。

于是，当周围人认为我们的某些个性是不必要的时，我们为了展现别人可以接受的自己，就会在潜意识里压制真实的自己。

上面提到的“自己都不了解自己”的个性感觉障碍在人的青年、中年、老年等阶段都会自然出现。这是因为社会要求我们扮演的角色是在不断发生变化的。

在青年时代，人必须扮演和学生时代不同的现实社会要求的角色；中年时，人要有面向后半生的新姿态；老年时，在从抚养孩子和工作的负荷中解放出来后，人必须重新开始摸索新的生活模式。在角色转变时，每个人都会出现个性丧失期，为此，我们都应当做好思想准备。

13 如果你逃避、撒娇，就会回到母亲那里

——男人的恋母情结

关键词：**恋母情结**

“妈妈是我一个人的。”

“只有妈妈，不管什么时候都会表扬我。”

……

尽管有的人并不认为长大成人后还说这样孩子气的话是奇怪的，但这的确是一种异常的心理，被称为“恋母情结”。

对母亲有强烈的占有欲，甚至把父亲当成敌人，这种男性特有的心理倾向，在心理学上称为“恋母情结”。每一个男性都有恋母情结，但在6～12岁时，通常会被压制住。然而，现在无法压制这种情结的人越来越多了。原因通常被认为是现在的父母过分宠爱孩子，没让他们体验成长过程中该有的艰苦。

人是在成长过程中通过和他人比较逐步形成自我概念的，并通过不断努力，最终成为社会公认的有用之人。就这样，孩子一边努力一边感受着不安和迷惑长大成人。

在这个过程中，如果一直有保护自己免受任何痛苦、值得依靠的人在身边、一遇到困难就有人向自己伸出温暖双手的话，一定会过得很舒服、顺利吧。

如今是个连小孩也会因留意人际关系而容易患上神经性胃炎的时代。如果有人可以依赖，也没法指责他。不管怎么说，因为在被保护的过程中不需要确立自我，也不用在严酷的社会现实中磨炼，也就感受不到自己的不成熟和不安了。

如今有不少男性自负地认为即便没有妈妈在身边也能过得很好，但事实真的如此吗？曾经被娇生惯养、掉在蜜罐里的人是很难从安稳的日子中走出来的。他们一伤心难过就很容易放弃，认为万恶之源都在别人。这也应该是恋母情结的表现吧。

14 我们每个人都在上演自导自演的人生故事

关键词：**自己的故事**

每个人都生活在自己编造的故事当中，并通过故事向他人传达自己的特点和生活方式。这种故事在心理学上被称为“自己的故事”。你应该从刚开始交往的恋人、一起喝酒的同事那里听到过他们的人生故事吧。

“自己的故事”会随着经历的增多而丰富，但并不是所有的事情都会写入其中。因为人有将不好的事情、不合情理的内容排除在记忆之外的倾向，所以，“自己的故事”通常是那些和自己符合的事情，也就是与自己相协调的故事。可见，所谓“自己的故事”有很浓的自我防卫意味。

但是，当不符合逻辑的事情发生了，比如说，原本很优秀的学习成绩下降了，和好朋友的关系破裂了，亲近的人或所爱的人离世了……既没有办法把它们加入“自己的故事”中，也没法当它们没发生过。而且，尽管“自己的故事”包含了不少事情，但如果缺少了大波大浪或主要人物，也将破绽百出。这该怎么办呢？

对于创作“自己的故事”的人来说，重新构建故事就成了当务之急。然而，重新构建故事不是那么容易的。刚开始构建的时候，会因为“这样的情节很奇怪”而无法接受。之后，也许会想“为什么只有我这么痛苦呢？”便开始发怒。甚至有可能产生“是不是弄错了呢？”的幻觉。

虽然这是一项令人悲伤的工作，但不舍弃过去的故事，就无法编织出面前的人生。

☆心理学专栏☆

弗洛伊德、荣格的性格学说

在这里，我们来介绍一下学习过心理学的人都很熟悉的由弗洛伊德和荣格分别提出的“人的性格分类”。希望它能在读者进行自我分析时起到参考作用。

弗洛伊德以性冲动的不同，将人的基本性格分成以下6种：

◎情色型

这一类型的人认为爱是生活的全部，获得别人的爱是最重要的事，常常因担心失去爱而陷入极度的不安当中。

◎威胁型

这一类型也可以称为超我（是从自我发展出来的一部分，认为自己是遵守一切内心伦理的代表）型。有强烈的独立精神、极度依赖内心、以保守态度看待社会的人多是这一类型。

◎自恋型

比起爱别人，这一类型的人更爱自己。他们态度积极、不胆怯，能够开创与众不同的新道路。

◎情色型&威胁型

这一类型的人在超我的影响下，欲望受到控制，有依赖模范人物的倾向。

◎情色型&自恋型

与单纯的情色型相比，这一类型的人攻击性和好动性更强，是最为常见的类型。

◎自恋型&威胁型

这一类型的人有独立精神、良心和工作能力。他们虽然过于依赖自己的内心世界，但也能接受新事物，敢于改变。

荣格简单地将人的性格分为内向型和外向型两种，但有的人能兼而有之：

◎内向型

只关心自己，凡事依赖主观判断，孤独，不容易受外界影响。

◎外向型

关心、喜欢外在的东西，容易受外界影响。

心理测试

Q1. 偶尔抬头看房间的时钟，发现指针正指向某个时间。你觉得这个时间会是在哪个时间段？

A.鸡叫。早上4～8点　　B.早饭吃什么呢？早上8～11点

C.午饭吃过了？白天11～18点　　D.月光皎洁。18点～深夜

Q2. 买了新游戏软件，在排队结账时，突然发现有人买了相同的游戏软件。你觉得这个人的年龄多大？

A.活蹦乱跳的10岁　　B.身材健壮的20岁

C.稳重可靠的40岁　　D.精力充沛的60岁

Q3. 和一夜情的对象一起睡在床上，在梦中却出现了别的中意的异性。你觉得那是个什么样的人？

A.想抱他（她）也想被他（她）抱的身材好的人

B.眼睛水灵、容貌漂亮的人

C.想与之交谈、声音迷人的人

D.希望与之长期交往、性格好的人

Q4. 去朋友家，发现门口有面大镜子。往镜子里一看，发现镜子里不是自己而是别人。你觉得那会是谁？

A.漂亮的公主　　B.可怕的魔女

C.潇洒的王子　　D.表情悲伤的国王

答 案

Q1. 选择早上的人希望长寿的愿望强烈

时间代表年龄。选择A、B早上的人，即便上年纪了，也希望保持年轻。如果年轻人选择这两项，说明他是个想长寿的人。C属于早上到晚上的转换期，代表从年轻向年老的过渡。选择C的人认为早死晚死都一样，一切顺其自然。夜晚代表死亡。选择D的人，如果有什么烦恼，甚至“希望快点死去”的话，还是向周围人倾诉吧。

Q2. 选择的年龄就是你的心理年龄

选择的年龄就是你的心理年龄。因此，回答A的人，即使长大成人，还会有“想对妈妈撒娇”、“希望有人给自己做饭”等想法，还有可能抱有一些羞于见人的愿望。相反，如果实际年龄只有20来岁却选择了D的人，应该有着不平凡的人生经历。这些人不管做什么事都很稳重，周围的人都很信任他们。

Q3. 希望异性有的东西恰恰是自己没有的

选择的异性所具有的优点正是自己所缺乏的。这项测试可以看出你所追求的自我以及自己希望拥有的东西。选择A的人，也许是对自己目前的体型感到自卑吧；回答B的人会比别人花更多时间在脸部的护理上，希望自己的脸变得更漂亮；回答C的人也许是不太喜欢自己的声音；选择D的应该是希望改改自己坏脾气的人。

Q4. 选择B和D的人，对自己不满意

镜子可以反映出人的真实内心。回答A公主的人，即便平时表现很

谦虚，内心对自己的外表也充满自信；回答B魔女的人嫌弃自己；回答C王子的人和回答A的人一样，对自己的容貌充满自信；选择D国王的人，属于始终无法对自己满意的人。但不管你做出了什么样的回答，请不要忘记，这并不是真实的自己，只是想象中的自己。

参考书目

齐藤勇编著. 《看图讲解深层心理》.日本实业出版社

齐藤勇编著. 《100种心理欲求》.诚信书房

齐藤勇主编. 《使人际交往更轻松的人际关系技巧》.永冈书店

齐藤勇编著. 《图解心理分析》.三笠书房

齐藤勇编著. 《摆脱令人左右为难的人际关系的技巧》.工书房

齐藤勇编著. 《图解工作顺利的人的心理技巧》.PHP研究所

齐藤勇主编. 《恋爱的深层心理测试》.宝岛社

南博编著. 《心理学百科辞典》.日本实业出版社

涉谷昌三主编. 《精通心理学》.西东社

西川好夫编著. 《生活的心理学》.日本放送出版协会

尾久裕纪编著. 《精神的迷宫——内心为何受伤》.青春出版社

梶源正梦编著. 《反向查询梦词典——美梦成真》.主妇之友社

志摩励编著. 《梦反映的信息和深层心理——梦的百科全书》.日东书院

汤姆·切特温德编著.《梦的百科全书》.土田光义译.白扬社

藤原武弘，高桥超编著. 《从聊天中了解社会心理学》.福村出版

夏本博明编著. 《图解最初的自我分析》.日本实业出版社

宝岛社增刊. 《为你准备的心理学入门》. 宝岛社

时代光华财智会

高端融智平台 · 精英成长领地

欢迎您加入时代光华财智会，作为财智会会员，您将获得更多的优质学习资讯和服务，并尊享如下权利：

1. 免费获赠时代光华图书一本或《财智会》杂志一本；
2. 免费获赠《财智会》杂志电子版及时代光华最新书讯；
3. 有机会获得时代光华的培训课程（现场课程或视频课程）；
4. 每年抽取大奖若干，免费参加本俱乐部的高峰论坛及境内外游学活动。

3、4条的信息在时代光华网站每季度公布

欢迎登陆 www.sdgh.com.cn 了解更多的信息

您也可以在网站上进行查询

个人资料（请用正楷完整填写，或附上名片）

姓名：＿＿＿＿＿＿ □先生 □女士 出生日期：＿＿＿＿＿＿ 学历：＿＿＿＿

单位全称：＿＿＿＿＿＿＿＿＿＿＿＿ 所属行业：＿＿＿＿＿＿

任职部门：＿＿＿＿＿＿＿＿＿＿ 职务/岗位：＿＿＿＿＿＿

手机：＿＿＿＿＿＿＿＿＿＿ 电子邮件：＿＿＿＿＿＿＿＿

QQ：＿＿＿＿＿＿＿＿＿＿ MSN：＿＿＿＿＿＿＿＿

单位地址：＿＿＿＿＿＿＿＿＿＿＿＿＿＿＿＿＿＿＿＿

邮编：＿＿＿＿＿＿＿＿

沿虚线剪切后，传真至010-82896326或邮寄到北京市西城区德外大街83号德胜国际中心B座12层，邮编：100088，或E-mail：sdghbooks@163.com。